W0262838

WERKSTATTBÜCHER
FÜR BETRIEBSBEAMTE, KONSTRUKTEURE UND FACHARBEITER
HERAUSGEGEBEN VON DR.-ING. H. HAAKE, HAMBURG

Jedes Heft 50—70 Seiten stark, mit zahlreichen Textabbildungen

---

D i e W e r k s t a t t b ü c h e r behandeln das Gesamtgebiet der Werkstattstechnik in kurzen selbständigen Einzeldarstellungen; anerkannte Fachleute und tüchtige Praktiker bieten hier das Beste aus ihrem Arbeitsfeld, um ihre Fachgenossen schnell und gründlich in die Betriebspraxis einzuführen.

Die Werkstattbücher stehen wissenschaftlich und betriebstechnisch auf der Höhe, sind dabei aber im besten Sinne gemeinverständlich, so daß alle im Betrieb und auch im Büro Tätigen, vom vorwärtsstrebenden Facharbeiter bis zum leitenden Ingenieur, Nutzen aus ihnen ziehen können.

Indem die Sammlung so den Einzelnen zu fördern sucht, wird sie dem Betrieb als Ganzem nutzen und damit auch der deutschen technischen Arbeit im Wettbewerb der Völker.

Einteilung der bisher erschienenen Hefte nach Fachgebieten

(Fortsetzung 3. Umschlagseite)

WERKSTATTBÜCHER
FÜR BETRIEBSBEAMTE, KONSTRUKTEURE UND FACH-
ARBEITER. HERAUSGEBER DR.-ING. H. HAAKE, HAMBURG
HEFT 15

Bohren

Von

Ing. Josef Dinnebier

Berlin

Vierte, verbesserte Auflage
(22.—27. Tausend)

Mit 181 Abbildungen im Text

Springer-Verlag Berlin Heidelberg GmbH

1949

Inhaltsverzeichnis.

ISBN 978-3-642-53173-6   ISBN 978-3-642-53172-9 (eBook)
DOI 10.1007/ 978-3-642-53172-9

I. Einleitung[1].

A. Geschichtliches.

Bohrwerkzeuge waren schon im vorgeschichtlichen Zeitalter bekannt. DÄDALUS soll ihr Erfinder gewesen sein. Schon die Steinzeit kannte Äxte, bestehend aus einem auf einem Stiel befestigten Stein, in den ein Loch gebohrt werden mußte. Nach Funden aus dieser Zeit[2] benutzte man zwei Verfahren: das Vollbohren und das Hohlbohren. Zum Vollbohren fand ein Holzstab Verwendung, der mit Hilfe von Feuersteinpulver unter ständiger Drehung sich in den Stein hineinarbeitete. Beim Hohlbohren, wobei nur ein ringförmiger Teil aus dem Stein herausgearbeitet zu werden brauchte, während der Kern stehenblieb, benutzte man Knochen, die durch Entfernen des Markes leicht ausgehöhlt werden konnten, auf die gleiche Weise.

Das Eisenzeitalter benutzte eiserne Bohrer in Form von Spitzbohrern, Löffelbohrern oder Zentrumsbohrern. Altertum und Mittelalter haben diese drei Formen grundsätzlich benutzt und auch entsprechende Maschinen hierfür entwickelt. Wenn auch ein bedeutender Fortschritt gegenüber den ersten Anfängen zu verzeichnen war, so muß diese Art des Bohrens nach heutiger Auffassung doch noch als sehr primitiv angesehen werden. Erst in der zweiten Hälfte des 18. Jahrhunderts beschäftigte man sich eingehender mit dem Bohren von Metallen. Die ersten Patente zum Bohren von Geschützen aus Metall und sogar zum Bohren von Eisen fallen in die Zeit von 1774 bis 1800. Einen großen Fortschritt brachte die Verwendung von Spiralbohrern, die — soweit bis heute bekannt — zum erstenmal in „Gills Technical Repository"[3] im Jahre 1822 erwähnt werden. Die damaligen Bezeichnungen lauteten „Drallbohrer" oder „Schraubenbohrer". Sie waren richtig, während die Bezeichnung „Spiralbohrer" falsch ist, da die Nuten nicht nach einer Spirale, sondern nach einer Schraubenlinie verlaufen. Der Erfinder des Drallbohrers ist bisher nicht mit Sicherheit festgestellt worden. Die Behauptung des aus der Schweiz nach Deutschland eingewanderten JOHANN MARTIGNONI in Schriften aus dem Jahre 1863, der Erfinder zu sein, wird durch die angeführten früheren Veröffentlichungen widerlegt. Bezeichnend ist jedoch, daß seine Gedanken bei deutschen Firmen keinen Anklang fanden und infolgedessen der Spiralbohrer sich erst spät in Deutschland einführte. In Amerika hatte bereits 1864 Morse die „Morse Twist Drill and Machine Comp." gegründet, während in Deutschland ROBERT STOCK erst im Jahre 1891 den ersten Versuchsbohrer fräste und 1896 die Spiralbohrerherstellung im größeren Umfang aufnahm. Einen kurzgefaßten Bericht zur Entwicklung der Bohrmaschine bis zur Jahrhundertwende gibt CHR. FISCHER[4].

---

[1] Die erste Auflage dieses Heftes wurde bearbeitet von Ing. J. DINNEBIER und ist 1924 erschienen, die zweite Auflage, bearbeitet von Ing. J. DINNEBIER und Dr.-Ing. H. J. STOEWER †, erschien 1932, die dritte Auflage, bearbeitet von Ing. J. DINNEBIER, erschien 1943.

[2] Aufbewahrt in der prähistorischen Abteilung des Provinzialmuseums zu Hannover.

[3] Nach Sammlung Quellenforschung FELDHAUS.

[4] Z. VDI Bd. 86 (1942) S. 715···717. Dort auch Literaturangaben.

B. Grundbegriffe.

Das Bohren bedingt grundsätzlich eine Drehung zwischen Werkzeug und Werkstück und gleichzeitig ein Vorschieben in der Achsrichtung. Zur Kennzeichnung dieses Vorganges haben sich die folgenden Begriffe herausgebildet:

1. *Schnittgeschwindigkeit* ist die Geschwindigkeit v am Umfang des Bohrers, gemessen in m/min.

Ist d der Durchmesser des Bohrers in mm und n die Umlaufzahl des Bohrers je Minute, so ist $v = d\pi n/1000$ [m/min]. Aus der Abb. 1 kann für gegebene d und v das zugehörige n oder auch für gegebene d und n das zugehörige v abgelesen werden.

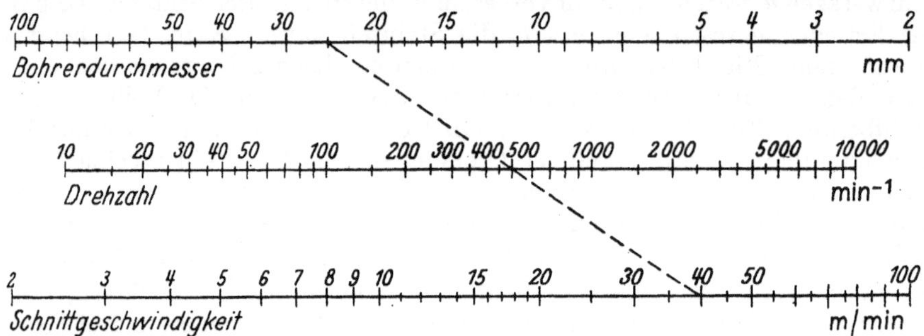

Abb. 1. Leitertafel für d, v, n. Man sucht auf der oberen Leiter den Bohrerdurchmesser (d), auf der unteren die Schnittgeschwindigkeit (v) und verbindet beide Punkte durch eine Gerade (gestrichelt). Im Schnittpunkt dieser Geraden mit der mittleren Leiter liest man die zugehörige Drehzahl (n) ab.

2. *Vorschub* ist der Weg s des Bohrers in axialer Richtung in mm für eine Umdrehung des Bohrers.

Ist s_1 der Weg je Minute, so ist $s_1 = ns$ [mm/min]. s_1 ist die Vorschubgeschwindigkeit und ein Maß für die Zerspanungsleistung.

3. *Bohrzeit.* Bezeichnet T die Zeit in min, die zum Bohren der Lochtiefe L [mm] nötig ist, so ergibt sich: $T = L/ns = \dfrac{d\pi L}{1000\,vs}$ [min].

In L muß die Höhe der Bohrerspitze mit enthalten sein, was besonders bei großem Durchmesser und geringer Lochtiefe ins Gewicht fällt.

II. Bohrmaschinen[1].
A. Bohrmaschinen mit umlaufendem Werkzeug.

1. **Einspindlige Senkrechtbohrmaschinen** nach Abb. 2 bis 4 sind für hohe Umlaufzahlen — Abb. 2 von 1000 bis 14 000 stufenlos veränderlich, Abb. 3 von 750 bis 12 000, Abb. 4 von 95 bis 3000 in verschiedenen Abstufungen — eingerichtet und unter dem Namen Schnellaufbohrmaschinen bekannt.

Der Vorschub der Bohrspindel kann von Hand, halbselbsttätig oder auch vollselbsttätig angeordnet werden. Der Rücklauf ist bei den selbsttätigen Maschinen beschleunigt. Durch den halb- bzw. vollselbsttätigen Vorschub wird die Leistungsfähigkeit der Maschinen ganz bedeutend erhöht.

Für größere Bohrungen bis zu 50 mm Durchmesser und mehr kommen Maschinen nach Abb. 5 in Betracht, die kräftiger gebaut sind und eine niedrigere Umlaufzahl als die Schnellbohrmaschinen haben. Sie werden durch einen Gleich-

---

[1] In den Abbildungen dieses Kapitels sind einige wenige Ausführungsarten von Bohrmaschinen wiedergegeben; es ist selbstverständlich, daß damit kein Werturteil gegenüber den Erzeugnissen der deutschen Bohrmaschinenfabriken zum Ausdruck gebracht werden soll.

stromregelmotor oder einen polumschaltbaren Drehstrommotor über ein Räder-
getriebe angetrieben, wodurch der Bohrspindel bei Verwendung von Regelmotoren
bis zu 40 verschiedene Umdrehungszahlen je Minute von 110 bis 1100 und bei Verwendung von polumschaltbaren Motoren bis zu 16 von 38—1900 erteilt werden

können. Der Vorschub der Bohrspindel kann halb- und vollselbsttätig sein und an beliebiger Stelle
von Hand unterbrochen und ebenso
wieder eingeschaltet werden. Er beträgt etwa 0,1$\cdots$1,8 mm/Uml. in
vier bis sechs Abstufungen. Der
Kraftverbrauch beträgt 3$\cdots$10 PS.

2. Schwenkbohrmaschinen (Abb. 6)
sind hauptsächlich für große Werkstücke bestimmt, die, einmal auf-
gespannt, zweckmäßig nicht bewegt
werden. Mit Hilfe des schwenkbaren
Auslegers, auf dem der Bohrspindel-
schlitten verschiebbar ist, können
alle Löcher in einer Lage des Werkstückes gebohrt werden. Besonders
geeignet sind die Maschinen für die
Benutzung großer Bohrvorrichtun-

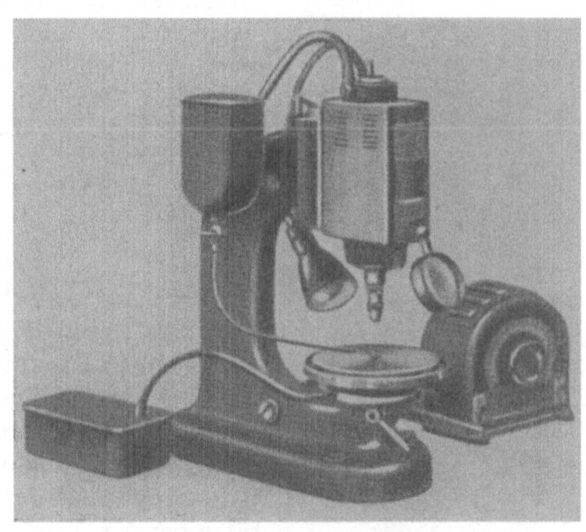

Abb. 2. Düsenbohrmaschine,
Bohrdurchmesser 0.05 bis 1 mm. (Georg Huhnholz, Gera.)

gen mit langen Bohr- und Messerstangen. Die Werkzeuge lassen sich nach Ab-
schwenken des Auslegers sehr leicht in die Vorrichtung einführen bzw. heraus-
nehmen. Es ist ferner möglich, Reihen von
Werkstücken auf die Grundplatte der Maschine

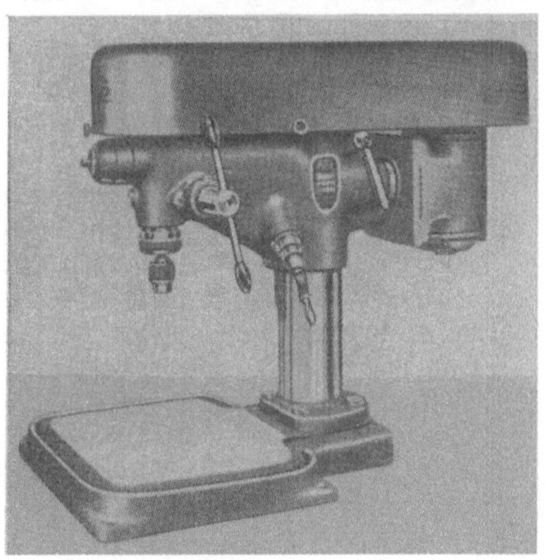

Abb. 3. Schnellbohrmaschine mit elektrischem Antrieb, Bohrdurchmesser 0,25 bis 6 mm (Hille-Werke
A.-G., Dresden).

Abb. 4. Ein- und mehrspindlige
Schnellbohrmaschine mit elektrischem Antrieb. Bohrdurchmesser
2—22 mm (Hille-Werke A.-G.
Dresden).

aufzuspannen und nacheinander zu bohren[1]. Um dieser Beweglichkeit willen
werden die Maschinen in steigendem Maße benutzt.

---

[1] Siehe Heft 42: Wirtschaftliche Herstellung und Ausnutzung der Vorrichtungen.

Bei den neueren Maschinen, wie sie von einer Reihe führender deutscher Firmen,
teils auch unter Einbau hydraulischer Bewegungs- und Übertragungselemente gebaut werden, liegt der Bereich der Spindeldrehzahlen zwischen etwa 12 und 2100 in

reichlicher Abstufung bis zu 36, je nach Maschine und
Stromart. Die hohe Umdrehungszahl der Bohrspindel
ermöglicht es, auch kleine Löcher in großen Werkstücken
wirtschaftlich zu bohren, ein sehr großer Vorteil gegenüber den Maschinen älterer Bauart. Der Bereich der
Vorschübe liegt zwischen etwa 0,5 und 3,2 mm/Uml.

Spindeldrehzahlen und Vorschübe werden sehr bequem und schnell vom Standort aus durch Hebel ge-
schaltet oder bei den neueren Maschinen hydraulisch
gesteuert.

Der Kraftbedarf beträgt je nach Größe 5···20 PS.
Für den Spindelantrieb und die Bewegung des Auslegers sind getrennte Motoren vorgesehen.

3. Mehrspindlige Senkrechtbohrmaschinen nach
Abb. 4 und 7 werden hauptsächlich in der Massenfertigung verwendet. Bei der Maschine Abb. 4 kann
jede Spindel einzeln von Hand, halb- und vollselbsttätig bewegt werden. Es können auf ihr Teile mit verschieden großen Löchern gebohrt werden, indem das
Werkstück von Spindel zu Spindel weitergeschoben
wird.

Bei der Maschine Abb. 7 sind die Spindeln beliebig
verstellbar oder fest: kreisförmig, im Viereck oder der-

Abb. 5. Schwere Senkrechtbohrmaschine mit elektrischem Antrieb.
(Hille-Werke A.-G., Dresden.)

gleichen. Sämtliche Spindeln werden
gleichzeitig vorgeschoben. Diese Maschinen werden hauptsächlich zum
Bohren der Löcher in Flanschen und
Deckeln an Zylindern oder Ventilen
verwendet, jedoch nur bei Massen- oder
größerer Reihenfertigung.

*Genauigkeit der Senkrechtbohrma-
schinen*: Hohe Genauigkeit in der Richtung eines Loches, sei es senkrecht zur
Auflagefläche, sei es parallel zur Bohrspindel, kann man an den Senkrechtbohrmaschinen mit umlaufendem
Werkzeug nur dann erreichen, wenn
man das Werkzeug in Buchsen führt,
d. h. bei Benutzung besonderer Vorrichtungen.

Abb. 6. Schwenkbohrmaschine. (Raboma, Berlin.)

Die Spindellager all dieser senkrechten Maschinen sind für die Auf-
nahme seitlicher Drücke wenig geeignet; es sollte also an diesen Maschinen nur
mit mehrschneidigen Werkzeugen gearbeitet werden, bei denen sich die Schnitt-
drücke quer zur Achse aufheben. Mit einschneidigen Werkzeugen (Bohrstangen
usw.) nur dann, wenn sie in einer Buchse geführt werden.

4. Waagerechtbohrwerke (Abb. 8) sind für schwere und schwierig zu bearbei-
tende Teile bestimmt, und zwar dort, wo ohne Bohrvorrichtung genau gearbeitet

werden soll. Im Gegensatz zu den senkrechten Bohrmaschinen ist das Spindellager dieser waagerechten Maschinen so konstruiert, daß es auch seitlichen, quer zur Achse stehenden Druck aufnehmen, daß also auch mit einschneidigen Bohrstählen

Abb. 7. Gelenkspindelbohrmaschine mit rundem Bohrschlitten und fester Bohrspindelanordnung in der Spindel-lagerplatte.
(Hille-Werke A.-G., Dresden.)

Abb. 8. Waagerechtbohrwerk. (Karl Wetzel, Gera.)

bzw. Bohrstangen gearbeitet werden kann. Die Bohrstangen werden meist in einem besonderen Gegenhalter geführt. Reiche Einstellungsmöglich-keiten des Tisches und der Bohrspindel machen die Maschine sehr vielseitig: Ist ein Werkstück auf-gespannt, so können Löcher in verschiedenen Rich-tungen und Entfernungen eingebohrt werden, ohne es umzuspannen. Bei Reihenfertigung wird man allerdings das Abspannen der Werkstücke nach jeder Arbeitsstufe vorziehen, da es einfacher ist als das Spindelverstellen.

5. Vielspindlige Waagerechtbohrmaschinen.

Abb. 9. Mehrspindlige Waagerechtbohrmaschine. (Habersang & Zinzen G. m. b. H., Düsseldorf-Oberbilk.)

Abb. 9 zeigt eine vielspindlige Waagerechtbohrmaschine, mit der Löcher in Flansche an Zylindern und Ventilen und an Automobilzylindern, Motorgehäusen, großen Ventilen usw. von zwei (bzw. auch drei) Seiten gleichzeitig gebohrt werden.

Die Bohrspindeln werden jeweils der Arbeit entsprechend eingestellt.

Diese Maschinen sind auch nur für Massen- oder größere Reihenfertigung geeignet, da das Einstellen der Bohrspindel sich sonst nicht lohnt.

B. Bohrmaschinen mit feststehendem Werkzeug.

Bohrmaschinen mit feststehendem Werkzeug sind die Tieflochbohrmaschinen und die senkrechten oder waagerechten Bohrmaschinen mit Anbringung der Werkzeuge an einem Revolverkopf.

Abb. 10. Tieflochbohrmaschine, Bohrdurchmesser bis 75 mm, Bohrtiefe bis 3000 mm, (Fritz Werner, Berlin-Marienfelde.)

Das feststehende Werkzeug arbeitet günstiger als das umlaufende, da es nur *eine* Bewegung, und zwar die vorschiebende, auszuführen hat. Beim Bohren tiefer Löcher ist das besonders wichtig, da das Werkzeug infolgedessen ruhiger steht und nicht so leicht verläuft. Außerdem läßt sich die Kühlflüssigkeit besser durch das Werkzeug leiten. Der Revolverkopf gestattet, mehrere Werkzeuge hintereinander zu verwenden, was bei den Maschinen mit umlaufendem Werkzeug nur auf kostspielige Weise möglich ist.

6. **Tieflochbohrmaschinen** (Abb. 10) werden für Hohlkörper größerer Länge verwendet. Der Vorschub ist zwangläufig und meist sehr gering. Die Späne werden durch hohen Öldruck — das Öl gelangt durch ein Rohr bis an die Schneide des Bohrers — aus der Bohrung herausgefördert und fließen infolge der großen Spannut des Bohrers gut ab.

7. **Bohrmaschinen mit Revolverkopf** (Abb. 11 und 12) sind für Arbeiten bestimmt, bei denen mehrere Arbeitsstufen vorkommen, z. B. Zentrieren, Vorbohren, Nachbohren, Vor- und Fertigreiben. Infolge der kurzen Bewegung des Revolverschlittens können nur Löcher von etwa 200···400 mm Länge gebohrt werden. Diese

Abb. 11. Senkrechtbohrmaschine mit Revolverkopf. (Louis Soest & Co. G. m. b. H., Düsseldorf-Reisholz.)

Maschinen eignen sich besonders zum Bohren und Reiben von Rädern, Büchsen, Riemenscheiben usw., die in größeren Mengen hergestellt werden.

Die Maschine Abb. 11 wird mehr für schwerere Werkstücke benutzt, die auf den waagerechten Tisch sehr bequem aufgespannt werden können, während die Maschine Abb. 12 sich besser für leichtere Werkstücke eignet.

Die Bohrmaschinen Abb. 3, 4, 5, 6 und 8 sind die gebräuchlichsten. Sie finden hauptsächlich in der Einzel- und Reihenfertigung Verwendung, während die übrigen Maschinen fast nur für Reihen- und Massenfertigung bestimmt sind.

C. Feinst- und Lehrenbohrmaschinen.

8. Feinstbohrmaschinen.

Abb. 13 mit Einstahlwerkzeug zum Feinstbohren von Gußeisen, Stahl, Bronze, Leichtmetall usw. Sie gewährleisten die Erzielung metallisch reiner, schmirgelfreier Bohrungsoberflächen und Genauigkeiten

Abb. 12. Waagerechtbohrmaschine mit Revolverkopf. (F. A. Scheu, Berlin.)

von $\pm 0,005$ mm in bezug auf Rundheit, Zylindrizität und Maßhaltigkeit. Das Arbeitsgebiet erstreckt sich auf den Motoren- und allgemeinen Maschinenbau.

Abb. 13. Einspindlige Feinbohrmaschine mit Meßeinrichtung für den Bohrdurchmesser. (Ernst Krause & Co., Wien-Berlin.)

Abb. 14. Lehrenbohrmaschine mit Mikro-optischer Meßeinrichtung. (Herbert Lindner, Berlin.)

9. Lehrenbohrmaschinen Abb. 14 dienen zur Herstellung von Bohrungen, die sowohl in Rundheit, Zylindrizität, Durchmesser und vor allen Dingen in ihren Lochabständen außergewöhnliche enge Toleranzen aufweisen müssen. Die Bohrmaschine Abb. 14 besitzt einen Koordinaten-Meßtisch, der es gestattet, an schraubenförmigen Maßstäben, deren Strichstärke nur einige Tausendstel Millimeter beträgt, die Maße in fünfzigfacher Vergrößerung abzulesen.

Die Bohrmaschine dient nicht nur zur Herstellung von Vorrichtungen, Bohrlehren und dergleichen, sondern kann auch für die Herstellung von Maschinenteilen verwendet werden, die besonders genau sein müssen und für die keine Bohrlehren vorhanden sind.

Außer den oben beschriebenen Maschinen gibt es noch eine große Anzahl Sondermaschinen, auf die hier nicht näher eingegangen werden kann.

III. Spitzbohrer.

10. Form der Schneide. Der Spitzbohrer ist die Urform des Bohrers. Er besteht aus einem flach geschmiedeten Stück härtbaren Stahles, das an seiner Unterseite unter einem bestimmten Spitzenwinkel angeschliffen wird. Ursprünglich war jede der beiden schrägen Kanten von beiden Seiten, d. i. dachförmig, abgeschrägt, so daß sie nach beiden Richtungen hin schneiden konnten. Dies war notwendig, weil früher die Bohrer mit Hilfe des sog. Fiedelbogens hin- und hergedreht wurden. Bei dieser Art der Zuspitzung entstand ein sehr stumpfer Schnittwinkel, so daß die Kanten mehr schabten als schnitten. Nachdem Maschinen aufgekommen waren, die den Bohrer nur in einer Richtung drehten, konnte die Konstruktion der Spitzbohrer gemäß Abb. 15 geändert werden:

Die Schneiden $a_1 b_1$ und $a_2 b_2$, unter dem Winkel φ gegeneinander geneigt, sind zur Hälfte an den rechten, zur Hälfte an den linken Rand des Bohrers gelegt und haben einen Hinterschliff erhalten, durch den die Querschneide $b_1 b_2$ entstanden ist. Der Hinterschliff wird dadurch erreicht, daß die Fläche C, die Freifläche (Hinterschleiffläche), um den $\sphericalangle \alpha$, den Freiwinkel, gegen die Schnittfläche A bzw. die Tangente T an A, geneigt wird.

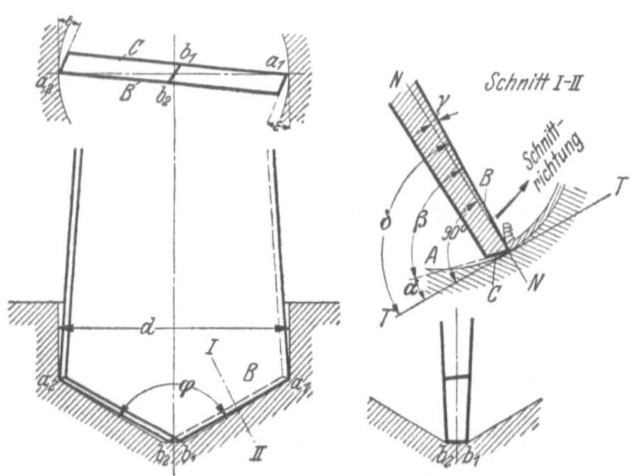

Abb. 15. Konstruktion des Spitzbohrers.

d Bohrerdurchmesser; a_1—b_1, a_2—b_2 Schneidkanten; b_1—b_2 Querschneide; A Schnittfläche; B Span- (Brust-) Fläche; C Frei- (Hinterschleif-) Fläche; N—N Normale der Schnittfläche; T—T Tangente der Schnittfläche; α Frei- (Hinterschleif-) Winkel; β Keilwinkel; γ Span- (Brust-) Winkel; δ Schneidwinkel; φ Spitzenwinkel.

Aber auch bei dieser Ausführung ist der Schnittwinkel $\delta > 90°$, weil die vordere Fläche B des Bohrers um den Spanwinkel γ gegenüber der (rechtwinklig zu T stehenden) Normalen N nach vorn geneigt ist, so daß γ negativ ist. Infolgedessen stauchen die Schneidkanten bei der Spanbildung den Werkstoff stark auf, d. h. sie schneiden die meisten Werkstoffe schwer (Abb. 16).

Dieser Nachteil machte sich besonders dort bemerkbar, wo die Maschine noch durch Hand oder Fuß betrieben wurde.

11. Verbesserungen. Man kam daher darauf, den Schnittwinkel zu verringern, indem man längs der Schneidkanten Hohlkehlen (Abb. 17 und k in Abb. 18 und 22) anschliff. Nunmehr schnitt der Bohrer leichter. Der Nachteil dieser Hohlkehlen ist, daß der Bohrerquerschnitt an der Spitze geschwächt wird, daß der Spanwinkel (γ) leicht zu groß bzw. der Schnittwinkel (δ) zu klein wird und daß nach Abstumpfen der Schneiden ein größeres Stück abgeschliffen oder nachgeschmiedet werden muß, um den Bohrer wieder gebrauchsfähig zu machen. Beim Nachschleifen verringert sich auch der Durchmesser. Ein weiterer Nachteil besteht in der geringen Führung des Bohrers im Loch, da der größte Durchmesser nur an den Schneidecken vorhanden ist und der Bohrer sich nach hinten verjüngt. Maßhaltigkeit und Führung wurden verbessert durch die Ausführung nach Abb. 18. Zur besseren Entfernung der Späne bei zähen Werkstoffen wurden weiterhin Spanbrechernuten (Abb. 19) angebracht. In dieser Form finden sich heute noch Spitzbohrer bei der Bearbeitung von Löchern geringer Tiefe, besonders in spröden Werkstoffen: Gußeisen, Bronze, Messing, auf Revolverbänken und Automaten. Hier ist es häufig auch notwendig, abgesetzte oder kegelförmige Löcher zu bohren. Der Spitzbohrer ist leicht für derartige Formen herzustellen. Abb. 20 zeigt einen abgesetzten Bohrer.

Wie eine Ersparnis an dem teuren Schnellstahl erreicht werden kann, zeigt Abb. 21. Ein Schnellstahlmesser ist in einen Schaft aus gewöhnlichem Stahl eingesetzt und kann nach Verbrauch ersetzt werden.

12. Zentrumbohrer. Zum Bohren von Löchern, die auf dem Grund flach sein müssen, verwendet man Zentrumbohrer (Abb. 22), bei denen die Schneiden unter 180° angeschliffen sind und nur in der Mitte eine kurze Spitze stehenbleibt. Diese führt den Bohrer gut, so daß die mit solchen Bohrern gebohrten Löcher sehr maßhaltig sind.

Die Leistung des Spitzbohrers ist beschränkt

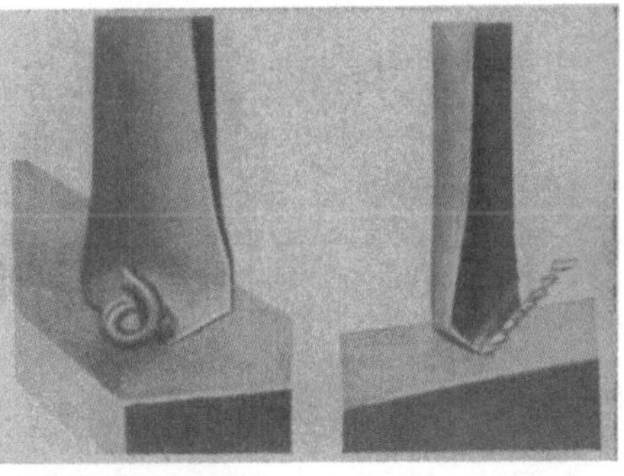

Abb. 16. Spanbildung ohne Hohlkehlanschliff.　　　Abb. 17. Spanbildung mit Hohlkehlenschliff.

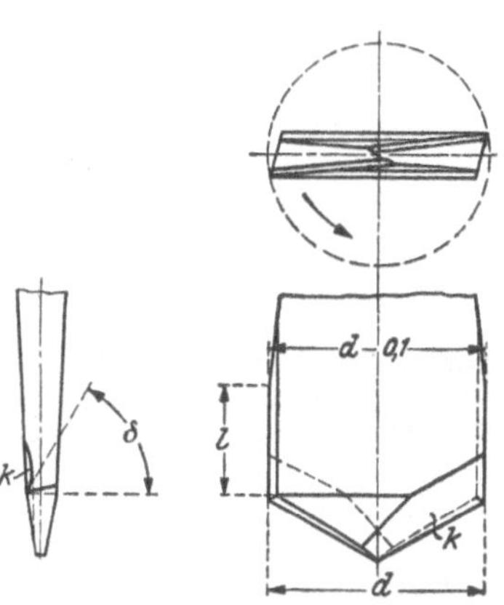

Abb. 18. Verbesserter Spitzbohrer.
(Hohlkehle k, Schnittwinkel $\delta < 90°$, Ende parallel).

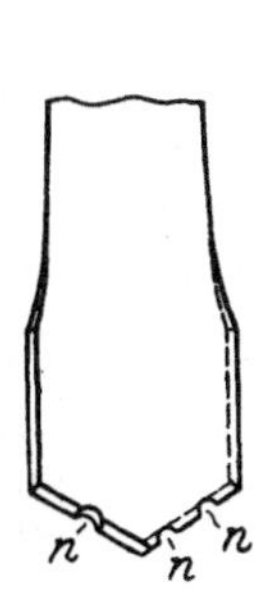

Abb. 19. Spitzbohrer mit Spanbrechernuten (n).

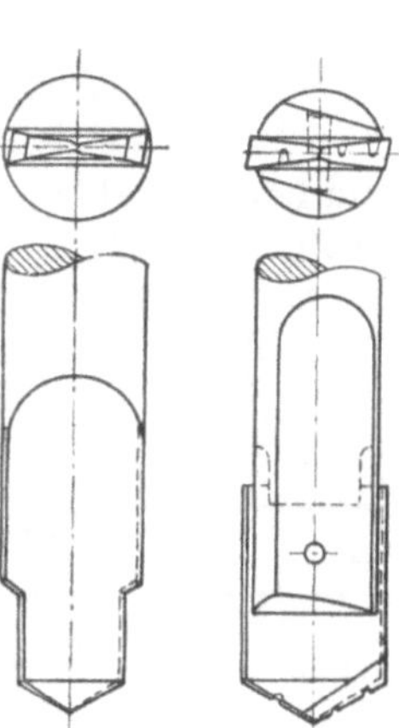

Abb. 20 und 21. Sonderformen der Spitzbohrer.

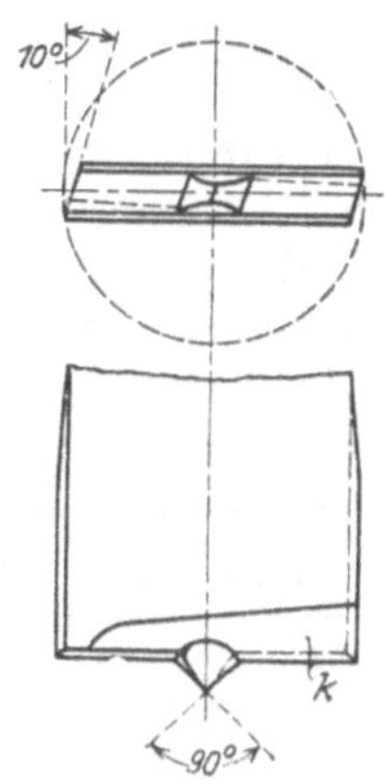

Abb. 22. Zentrumbohrer.

durch seine geringe Starrheit, die ungünstigen Spanwinkel und die meist schlechte Spanabfuhr (Abb. 23a); er ist daher in den meisten Fällen durch den Spiralbohrer verdrängt worden.

IV. Spiralbohrer.

A. Konstruktion des Spiralbohrers.

13. Allgemeines. Die großen konstruktiven Vorzüge des Spiralbohrers, die ihn zum wichtigsten Werkzeug der Bohrerei gemacht haben, sind:

1. Richtiger, positiver Spanwinkel infolge des schraubenförmigen Anstiegs der beiden, an der Spitze bei den Schneidkanten beginnenden Nuten (kein Einschleifen).

2. Gleichbleiben des Durchmessers nach dem Schleifen, bis zuletzt (kein Schmieden).

3. Gute Führung durch die Fasen an den schraubenförmigen Stegen.

4. Gute Abfuhr der Späne durch die schraubenförmigen Nuten.

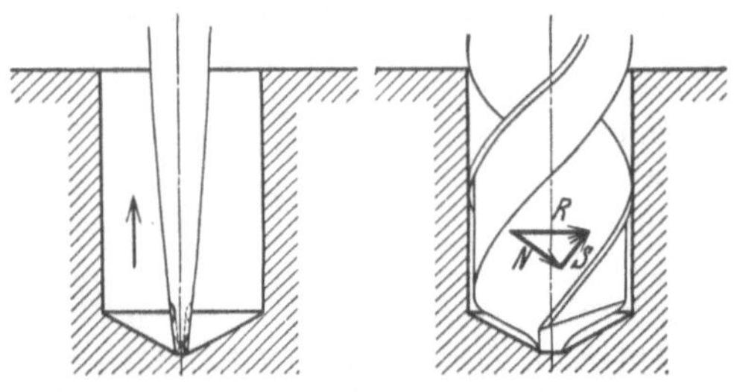

Spanabfluß in Achsenrichtung
nur infolge des Druckes der
neu entwickelten Späne

a

Kraftwirkung R auf die bereits abgetrennten
Späne, zerlegt in Normalkraft N und
Schubkraft S in Richtung d. Spanabflußes

b

Abb. 23. Spanförderung beim Spitz- und Spiralbohrer.

Zur Wahrung der nötigen Starrheit muß in der Mitte des Bohrers der „Kern" — auch „Seele" genannt — stehen bleiben. Die Möglichkeit, die Steigung der Schraubenlinie[1] frei zu wählen, ergibt eine große Anpassungsfähigkeit des Spanwinkels γ (Abb. 24 und 25) an den zu bohrenden Werkstoff. Die allmählich steigenden Nuten wirken wie eine Förderschnecke; sie erleichtern das Herausschaffen der Bohrspäne, wenn sie infolge der Reibung an der Lochwand gegen die Drehung des Bohrers zurückzubleiben suchen. Sie treffen hierbei auf die schräge Nutenfläche, und die ursprünglich in der Bewegungsrichtung verlaufende Druckkraft R (Abb. 23b) wird in ihre Teilkräfte rechtwinklig (N) und längs dieser Fläche (S) zerlegt. Die in Richtung der Nutenfläche wirkende Kraft S bewirkt die Spanförderung, während die Späne am Spitzbohrer allein durch den Druck der neu entwickelten Späne in Richtung der Bohrerachse abgeführt werden müssen (Abb. 23a). In Abb. 24 sind die einzelnen Konstruktionsgrößen dargestellt.

14. Durchmesser und Länge sind entsprechend den am häufigsten vorkommenden Lochtiefen genormt (nach DIN 329···350). Ein besonderes DIN-Blatt (336) enthält die Durchmesser der häufig vorkommenden Bohrer zur Herstellung der Kernlöcher von Innengewinden (Kernlochbohrer).

Die Herstellungsgenauigkeit für die Durchmesser guter Spiralbohrer entspricht dem unteren Abmaß der Schlichtwelle (sW) nach DIN 154:

Durchmesserbereich Nennmaße in mm	bis 3	über 3 bis 6	über 6 bis 10	über 10 bis 18	über 18 bis 30	über 30 bis 50	über 50 bis 80	über 80 bis 120
Zulässige Abweichungen in mm	+0 —0,018	+0 —0,025	+0 —0,030	+0 —0,035	+0 —0,045	+0 —0,050	+0 —0,060	+0 —0,070

[1] „Spirale" ist eine meist ebene Kurve, deren Krümmungsradius sich stetig ändert. Wortbildung „Spiralbohrer" daher falsch, richtig wäre „Wendelbohrer" (wie Wendeltreppe), „Drallbohrer" oder „Schraubenbohrer".

Damit die Bohrer unbedingt an der Spitze frei schneiden, führt man sie meist mit einer Verjüngung zum Schaft hin aus (bis zu 0,1 mm auf 100 mm).

15. Spiralsteigung, Nutenform und Kernstärke sind diejenigen Abmessungen, die — in Verbindung mit richtigem Spitzenanschliff und richtiger Härte — die Schneidfähigkeit des Bohrers am stärksten beeinflussen (vgl. Abschn. 37 bis 41). Die Steigung der schraubenförmigen Nute muß so gewählt werden, wie es die Eigenart des zu schneidenden Werkstoffs in bezug auf den Spanwinkel und auf die möglichst reibungslose Abfuhr der

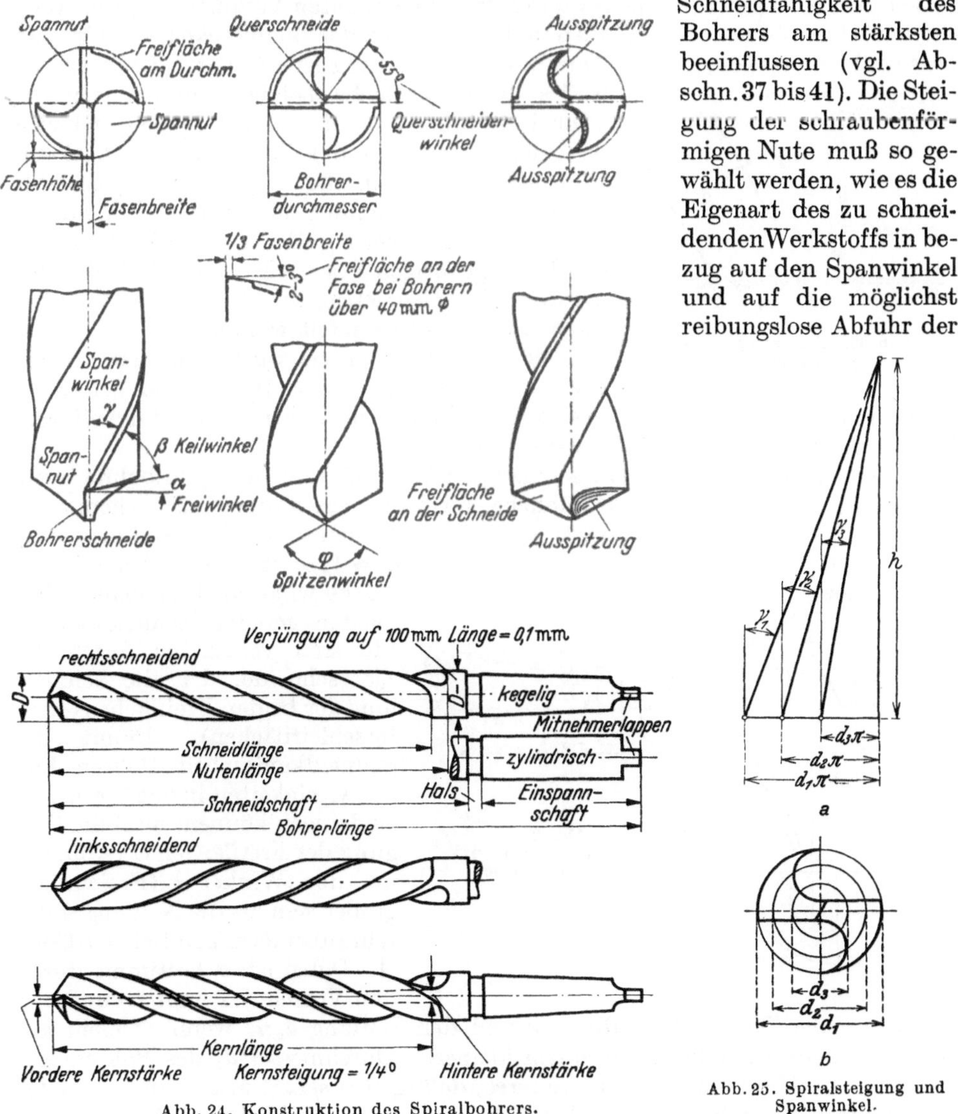

Abb. 24. Konstruktion des Spiralbohrers.

Abb. 25. Spiralsteigung und Spanwinkel.

Späne verlangt. Praktisch kommen Spiralsteigungen (γ in Abb. 24), am Außendurchmesser gemessen, zwischen 0 und 45° vor. Ein Nachteil des Spiralbohrers liegt darin, daß die Spanwinkel zur Mitte hin kleiner werden, was aus Abb. 25a (nicht maßstäblich) klar hervorgeht, in der für die drei Durchmesser $d_1 d_2 d_3$ (Abb. 25b) die Spanwinkel $\gamma_1 \gamma_2 \gamma_3$ dargestellt sind, indem über der Abwicklung der zu $d_1 d_2 d_3$ gehörigen Kreise (Zylinder) die Höhe der Steigung h der Spiralnut aufgetragen ist. Durch diese Abnahme von γ (s. auch Tab. 1, S. 16) ergibt sich zur

Mitte hin eine verschlechterte Schneidwirkung, die man durch ein bestimmtes Ausspitzverfahren allerdings zum Teil wieder ausgleichen kann[1].

Die Bedingungen für die Ausführung der Nutenform sind ebenfalls: möglichst gute Spanabfuhr und Widerstandsfähigkeit des Bohrers. Die Schneidkanten müssen gerade Linien sein, da vorgewölbte Schneidkanten Veranlassung zum Rattern, zurückgewölbte zum Einhaken und Ausbrechen der Bohrerecken, auch infolge von Spanklemmungen, geben. Durch diese Forderung ist die Form des vorderen Teiles der Nutenfläche bei bestimmtem Spitzenwinkel und bestimmter Spiralsteigung eindeutig festgelegt. Der hintere Teil der Nutenfläche kann nach dem Ermessen des Konstrukteurs gewählt werden. Die Bestimmung der richtigen Nutenform für geradlinigen Verlauf der Schneidkante sowie des dazu gehörigen Fräsers ist eine Aufgabe der darstellenden Geometrie, die in der Literatur häufiger eingehend behandelt worden ist[2].

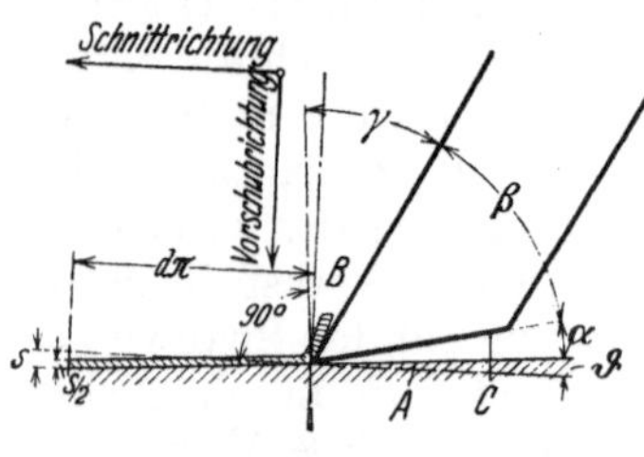

Abb. 26. Abwicklung eines Zylinderschnitts.

Der Kern des Bohrers wird üblicherweise mit etwa $0{,}13\cdots0{,}15\,d$ für $d < 10$ mm und $0{,}25\,d$ für $d > 10$ mm angenommen. Für besondere Arbeiten, bei denen große Starrheit verlangt wird, gibt es Bohrer mit verstärktem Kern.

16. Spitzenanschliff[3]. Ohne zweckmäßigen Anschliff kann der Spiralbohrer nicht gut schneiden. Abb. 24 zeigt die übliche Form des Anschliffes. Man erkennt die beiden unter dem Spitzenwinkel $\varphi \approx 118°$ im Abstand der Kernstärke windschief zueinander liegenden geraden Schneidkanten. Sie sind verbunden durch die Querschneide, d. i. die Schnittlinie der beiden Freiflächen (Hinterschleifflächen). Damit die Schneidkanten beim Bohren ohne Schwierigkeiten in den Werkstoff eindringen können, muß die Neigung der Freiflächen C (Abb. 26) um den Winkel α (Freiwinkel) größer sein als die Neigung ϑ der schraubenförmigen Schnittfläche A. Dabei ist ϑ bestimmt durch den Vorschub s (mm/U) und den

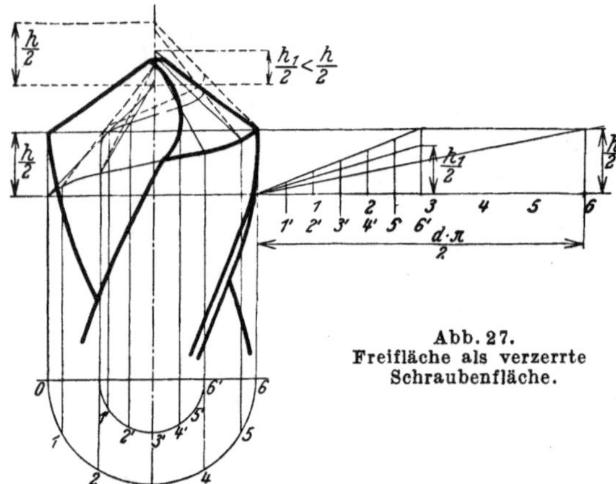

Abb. 27.
Freifläche als verzerrte Schraubenfläche.

Umfang $d\pi$ des Bohrers bzw. durch s und den Umfang $d_x\pi$, wenn ϑ nicht am Außendurchmesser, sondern an einem kleineren Durchmesser d_x des Bohrers gemessen wird. Abb. 26 zeigt ohne weiteres, daß tg $\vartheta = s/d_x\pi$, also ϑ um so größer ist, je kleiner d_x, d. h. je näher der Achse gemessen wird (s. auch Tab. 2).

---

[1] Siehe S. 18 und Abb. 34 a und b.

[2] Werkst.-Techn. 1911 S. 560. — Z. Mathematik u. Physik 1909 Heft 3. — Werkst.-Techn. 1921 S. 692 ff. — Masch.-Bau 1925 Heft 18.

[3] KLEIN, H.: Die Ausbildung der Spiralbohrerschneiden für verschiedene Werkstoffe. Werkst.-Techn. 1937 Heft 5 S. 123. — STOEWER, H. J.: Über verschiedene Spitzenschliffe an Spiralbohrern. Stock-Z. Bd. 2 (1929) S. 23···25. — WALLICHS, A., u. W. MENDELSON: Wirtschaftliches Bohren durch richtigen Anschliff. Werkst.-Techn. u. Werksleiter 1937 Heft 5 S. 97. — SCHROPP, H.: Messung der Schneidwinkel am Spiralbohrer. Masch.-Bau Bd. 12 (1933) S. 427···428. — SOMMERFELD, R.: Über den Hinterschliff von Spiralbohrern.

Es liegt nahe, die Freiflächen ebenfalls als Schraubenflächen mit überall gleicher Steigung h (Abb. 27) auszubilden. Dies ist jedoch nicht angängig, weil die um die Querschneide liegenden Teile des Bohrers zu sehr geschwächt würden und der Bohrer daher ausbrechen könnte. Man kann eine verzerrte Schraubenfläche wählen, deren Steigung h_1 nach der Mitte zu kleiner wird (Abb. 27). Eine zweite Möglich-

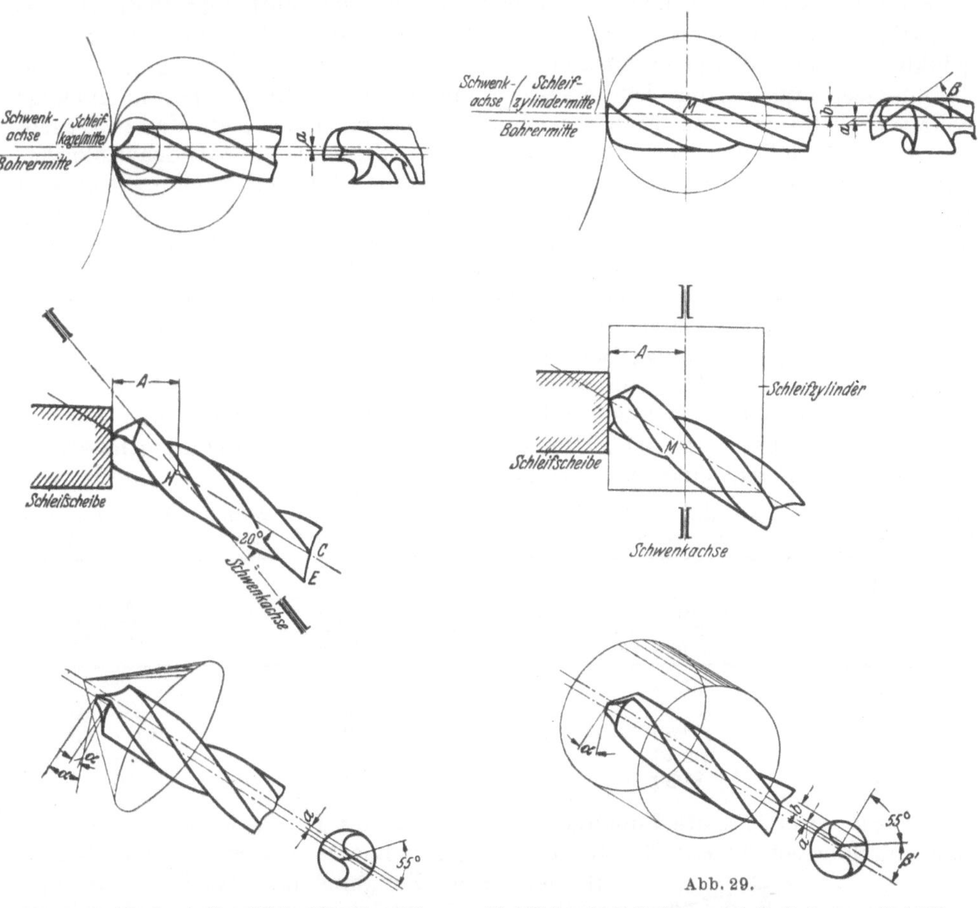

<table>
<tr><td>

Abb. 28. Freifläche als Kegelfläche (Kegelmantel-schliff).
Untermittestellung der Schneide unter die Schwenkachse; A Abstand des Schnittpunktes der Schwenk- und Bohrerachse (in der Projektion) vom Schleifscheibenumfang, veränderlich.

</td><td>

Freifläche als Zylindermantel (Zylindermantelschliff).
a Untermittestellung der Spitze unter die Schwenkachse; b schädliche Übermittestellung der Bohrerecke über die Schwenkachse zur Erzielung richtiger Querschneideanlage; A gleichbleibender Abstand der Schwenkachse vom Schleifscheibenumfang.

</td></tr>
</table>

keit besteht darin, die Freifläche als Teil eines Kegelmantels auszubilden. Der Kegelflächenschliff gibt, wie der Schraubenflächenschliff, einen nach der Mitte zu ansteigenden Freiwinkel. Er gestattet auch, die Größe dieses Winkels frei zu wählen, dadurch, daß man den Ausschnitt aus dem in Abb. 28 eingezeichneten Kegelmantel demgemäß bestimmt. Maßgebend sind dafür die Untermittestellung a der Schneidkante unter die Schwenkachse, der Winkel zwischen Schwenkachse und Bohrerachse (z. B. 20°) und der Abstand A des Schnittpunktes der Schwenk- und Bohrerachse (in der Projektion) vom Schleifscheibenumfang. Bei richtigen Frei-

<hr>

Heft 161 der Forsch. Ing.-Wes., herausgegeben vom VDI, ferner auch Werkst.-Techn. Bd. 8 (1914) S. 258···261.

winkeln α (an der Spitze $\alpha = 25°$, am-Umfang $\alpha = 6°$) lassen sich A und a immer so wählen, daß die richtige Querschneidenlage zur Hauptschneide unter etwa 55° eingehalten wird.

Die zur Herstellung einer solchen Fläche erforderliche Maschine ist von einfacher Bauart.

Ein Grenzfall des Kegelmantelschliffs ist der Zylinderschliff, bei dem die Hinterschleiffläche den Ausschnitt eines Zylindermantels bildet (Abb. 29). Derart ausgebildete Anschliffe sind ungünstiger, weil es schwer ist, gleichzeitig am Außendurchmesser und an den Durchmessern um die Querschneide herum günstige Schnittwinkel zu erzielen. Eine Verkleinerung des Freiwinkels α am Umfang gegenüber der Mitte läßt sich nur durch Schräglage der Schneidkante zur Schwenkachse um den Winkel β' (bzw. β) erreichen, wodurch die Untermittestellung a an den einzelnen Punkten der Schneide verändert wird. Will man gleichzeitig die richtige Querschneidenlage unter 55° zur Hauptschneide erreichen, so muß man den Bohrer so stark drehen, daß die Ecke der Schneidkante um das Maß b über der Schwenkachse liegt, wodurch an dem über der Schwenkachse liegenden Teil der Schneidkante der Freiwinkel negativ wird. Eine befriedigende Lösung dieser Schwierigkeiten gelingt nur bei kleinen Bohrerdurchmessern.

Der für größere Bohrer am weitesten verbreitete Normalanschliff hat einen Spitzenwinkel von 116 bis 118°, und der Winkel, den die Querschneide mit den Hauptschneiden bildet, ist 55°. Die bei einem bewährten Anschliff gemessenen Winkel der Freifläche sind aus Tab. 1 zu ersehen.

Tabelle 1. Winkel an der Schneide eines Bohrers von 25 mm Außendurchmesser, gemessen in verschiedenen Abständen von der Achse.

Meß-⌀ mm	Freiwinkel[1] x		Spanwinkel γ rechtwinklig zur Schneidkante gemessen
	gemessen auf konzentrisch zur Bohrerachse liegenden Zylinderflächen (Richtung a, b, c, Abb. 30).	gemessen rechtwinklig zur Schneidkante (Richtung a_1, b_1, c_1 Abb. 30).	
5	29° 50′	6°	5°
10	16° 50′	4°	13···14°
15	13° 50′	2°	21···23°
20	9° 40′	2°	25···27°
25	8° 30′	2°	30°

Bemerkenswert ist die Zunahme der Neigung der Freifläche von 8° 30′ am Außendurchmesser bis auf 29° 50′ vor der Querschneide, gemessen auf Zylinderflächen. Eine Zunahme ist deshalb notwendig, weil ja auch die Steigungswinkel ϑ der Schraubenfläche, die die Schnittfläche bildet, zur Bohrermitte zu ansteigen[2].

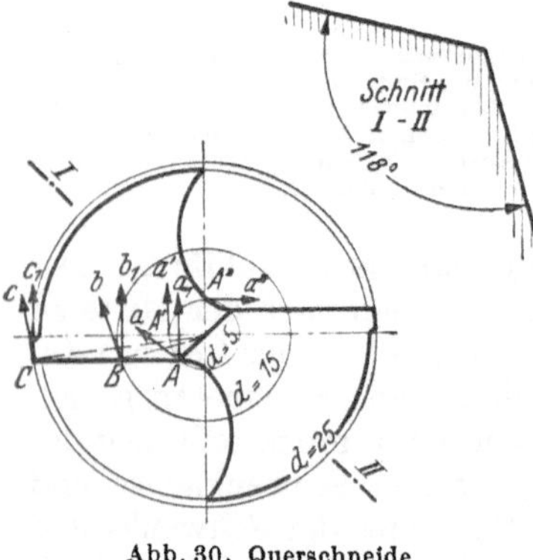

Abb. 30. Querschneide.

Tabelle 2.
Neigungswinkel ϑ der Schnittfläche an verschiedenen Durchmessern (s. Abb. 26).

Meß-⌀ mm	Vorschub s		
	= 0,5	= 1,5	= 3 mm/U
25	22′	1° 6′	2° 11′
15	36′ 30″	1° 49′	3° 39′
5	1° 50′	5° 28′	10° 49′

---

[1] Ohne Rücksicht auf die Neigung der Schnittfläche.
[2] Siehe S. 14, Abb. 26 und Tab. 2.

Bedenken hinsichtlich der Widerstandsfähigkeit der Schneiden bei so großen Freiwinkeln bestehen nicht, denn obgleich die Winkel, in der Bewegungsrichtung gemessen, groß sind, werden sie, in der Kraftrichtung, also rechtwinklig zur Schneidkante gemessen (s. Abb. 30), kleiner als bei einem Drehmeißel.

Mit dem Bohrerdurchmesser ändern sich die günstigsten Frei- und Querschneidenwinkel nach Tab. 3.

Der gebräuchliche Spitzenwinkel von rund 118° ist nicht in allen Fällen angebracht. Bei einer Reihe später zu erwähnender Arbeiten sind flachere oder spitzere Winkel günstiger.

17. Ausspitzung[1]. Die Ausspitzung dient zur Verbesserung des Schnittwinkels an der Querschneide und zur Verkürzung derselben, besonders dann, wenn der Bohrer infolge Abnutzung und Nachschleifen kürzer wird und nun der stärkere Kern zur Geltung kommt. Bei richtiger Ausspitzung schneidet der Bohrer viel leichter, weil

Tabelle 3. Freiwinkel und Querschneidenwinkel von Bohrern von 2···100 mm ⌀.
Nach Versuchen des Versuchsfeldes von R. Stock & Co.

Bohrer-⌀ mm	Freiwinkel am Umfang, etwa °	Querschneiden-winkel, etwa °
2,0··· 3,5	14	47
3,6··· 5,0	11	48
5,1··· 7,0	9	49
7,1···11,0	9	50
11,1···18,0	8	52
18,1··· 30	7	55
30,1··· 55	6	55
55,1···100	5	55

dadurch der Vorschubdruck wesentlich verkleinert wird. Den Teilen der Freifläche vor der Querschneide muß deshalb besondere Beachtung geschenkt werden, weil die Querschneide ebenfalls Späne abheben muß, aber im Gegensatz zu der Hauptschneide unter sehr ungünstigen Verhältnissen. Der Spanwinkel — wenn man überhaupt von einem solchen sprechen kann — vor der Querschneide ist negativ (s. Abb. 30 Schnitt I bis II). Es bleibt zwischen der Schnittfläche und der

Freifläche kaum genügend Raum für die von der Querschneide abgeschabten Späne. Man muß daher danach trachten, den Abfluß der Späne gerade an dieser Stelle zu verbessern, wozu in der Hauptsache das Ausspitzen der Querschneide

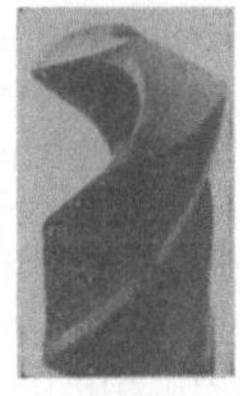 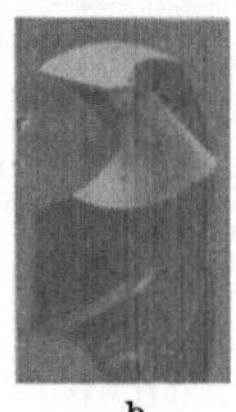  

Abb. 31. Ausspitzung der Spiralbohrer. a gut; b···d schlecht.

dient. Die Ausspitzung entsteht durch Wegschleifen der von der Querschneide und Hauptschneide gebildeten Ecke, wodurch an Stelle der Ecke eine schräge Verbindungslinie zwischen Hauptschneide und Querschneide gebildet und gleichzeitig der Rücken des Bohrers abgeschrägt wird. Die Späne können durch die entstandene Aushöhlung leichter abfließen; die Folge ist eine bedeutende Verringerung des Axialdruckes. Die Ausführungsarten der Ausspitzungen sind sehr verschieden, und zwar bezüglich der Verkürzung der Querschneide, der Schräglage und Länge der neu entstandenen Verbindungsschneide zwischen Querschneide und Hauptschneide, der Länge des Auslaufs rechtwinklig zur Bohrerachse zum Bohrerrücken hin und parallel zur Bohrerachse zum Kern hin. Die gute Ausspitzung in Abb. 31 a geht höchstens bis über ein Drittel der Hauptschneiden, verkürzt die Querschneide um etwa die Hälfte ihres ursprünglichen Wertes, ohne daß die neu entstandenen Spanwinkel größer als etwa 5° sind. Gefährlich sind Ausspitzungen, die die Schneiden-

---

[1] Siehe auch A. WALLICHS u. W. MENDELSON: Werkst.-Techn. 1937 S. 101.

teile in der Nähe der Querschneide stark unterhöhlen (Abb. 31 b, c), ebenso zu starke Schwächungen der Querschneide und des unter der Querschneide liegenden Teiles des Bohrerkerns (Abb. 31 d).

18. Korrigierte Schneiden. Wird die Verbindungslinie zwischen Hauptschneide und Querschneide bis zum Bohrerumfang verlängert, so also, daß von den ursprünglichen Hauptschneiden nichts mehr stehenbleibt, so erhält man die „korrigierten" Schneiden. Die Hauptschneiden sind also aus ihrer ursprünglichen Lage mehr zur Bohrermitte hin um die am Umfang liegenden Schneidenecken gedreht, wodurch zunächst eine Verkürzung der Querschneide erzielt wird. Gleichzeitig kann man eine Veränderung — und zwar Vergrößerung oder Verringerung — der für den Schneidvorgang wichtigen Spanwinkel längs der ganzen Schneide erreichen. Durch Verringerung des Spanwinkels — zweckmäßig beim Bohren spröder oder sehr harter Werkstoffe — erhält man die Form Abb. 32. Eine Unter-

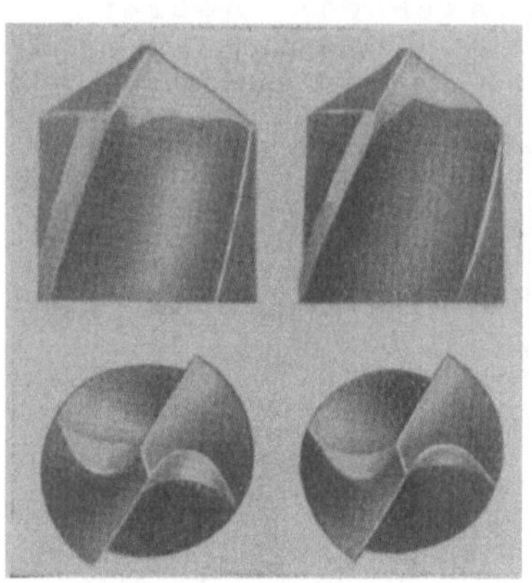

Abb. 32. Korrigierte Schneiden für harte und spröde Werkstoffe mit kleinem Spanwinkel und ohne unterhöhlte Querschneide.

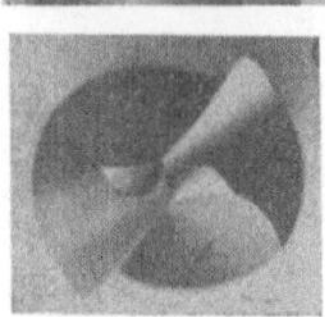

Abb. 33. Korrigierte Schneiden mit längs der ganzen Schneide gleichbleibendem günstigen Spanwinkel, aber unterhöhlter Querschneide (ungünstig).

höhlung der Querschneide tritt hier nicht ein. Beim Bohren der üblichen Stähle des Maschinen-, Schiffs- und Brückenbaus würde diese Maßnahme aber eine unerwünschte Stauchung der Späne und dadurch erhöhten Kraftbedarf ergeben. Richtiger ist hier, die günstigen Spanwinkel am Außendurchmesser auch an den inneren Schneidenteilen zu erzeugen. Schleift man geradlinig über die Schneide hinweg, so wird die Querschneide stark unterhöhlt (Abb. 33), was unwirtschaftlich und gefährlich ist. Eine Ausspitzung, die diesen Nachteil vermeidet und trotzdem die günstigen äußeren Spanwinkel bis dicht an die Querschneide heranführt, zeigt Abb. 34 a und b[1]. Längs der Schneide ist eine ebene Fläche mit gleichbleibendem Spanwinkel angeschliffen, die am Umfang breiter ist und zur Mitte hin schmaler wird, also ein spitzes Dreieck bildet. Die Spitze dieses Dreiecks liegt etwas unterhalb der von Haupt- und Querschneide gebildeten Ecke. An die ebene Dreiecksfläche schließt sich eine verwundene Fläche an. Diese Fläche dringt nahe der Querschneide bis fast zur Hauptschneide vor, so daß der große Spanwinkel

a   b

Abb. 34 a und b. Korrigierte Schneiden mit längs der Schneide fast gleichbleibendem, günstigem Spanwinkel und nicht unterhöhlter Querschneide (gut).
a nicht bis zum Umfang durchgeführte Korrektur, b bis zum Umfang durchgeführte Korrektur.

an dieser Stelle nur noch an einem ganz schmalen Streifen vorhanden ist und dann sofort in die Rundung der verwundenen Fläche übergeht. Die Vorteile dieser Schneidenkorrektur, die nicht unbedingt bis ganz an den Bohrerumfang herangeführt zu werden braucht (Abb. 34a), bestehen nicht nur in einer erheblichen Verringerung des Axialdrucks, sondern auch des Drehmomentes und — wenigstens

---

[1] Hergestellt auf der Ausspitzmaschine von R. Stock & Co.

auf Stählen geringer und mittlerer Festigkeit — in einer Verlängerung der Lebensdauer der Schneiden[1].

19. Sonderanschliffe. Neben der üblichen Ausführung des Spitzenanschliffs und der Ausspitzung kommen eine Reihe mehr oder minder bewährter Sonderanschliffe vor. Eine Maschine stellt einen Hinterschliff nach einer verzerrten Schraubenlinie her, jedoch mit der Eigentümlichkeit, daß sie die Teile vor der Querschneide besonders tief aushöhlt (Abb. 35a). Dieser „Anschliff mit hohl ausgeschliffener Mittelschneide[2]" soll die Winkel vor der Querschneide verbessern. Bei Bohrern mit starkem Kern schrägt man die Freifläche parallel zu den Schneiden bis zur Bohrermitte stärker ab (Abb. 35b). Hierdurch sinkt der Kraftbedarf. Durch Verkürzung der Querschneide Abb. 35c und der Verringerung des stumpfen Winkels vor der Querschneide erreicht man ein leichteres Arbeiten und erfahrungsgemäß häufig eine Verlängerung der Lebensdauer. Spitzt man

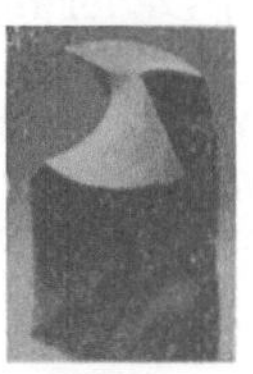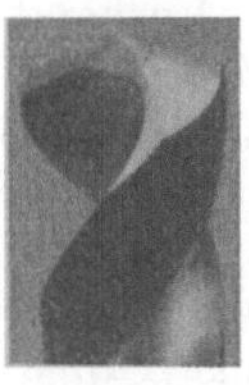

a   b   c   d

Abb. 35. Sonderanschliffe.
a Querschneide, hohl ausgeschliffen; b Freifläche stark abgeschrägt, Kreuzanschliff; c Anschliff mit in einer Spitze vorgezogenen Querschneide (Zweck = Erreichung günstigen Spanabflusses nahe der verkürzten Querschneide, dadurch Lebensdauerverlängerung; bessere Zentrierung des Bohrers im Loch); d Bohrer mit Zentrumspitze für weiche Werkstoffe.

bei dem vorerwähnten Anschliff die vorgezogene Querschneide vollständig aus, so ergibt sich der Bohrer mit Zentrumspitze (Abb. 35d), der besonders zum Bohren genauer kaliberhaltiger Löcher in nachgiebigen Werkstoffen, wie Kupfer, Blei usw., geeignet ist. In diesen Werkstoffen erhält man mit gewöhnlichem Anschliff unrunde und sogar eckige Löcher.

20. Die Aufnahmeelemente des Spiralbohrers sind genormt (DIN 228). Man unterscheidet in der Hauptsache zylindrischen und kegligen Schaft. Zylindrische Schäfte müssen in dem dazu benötigten Futter gut festgespannt und zur Verhinderung des Drehens durch einen Mitnehmer gesichert sein (ausgenommen Bohrer geringen Durchmessers). Bohrer mit kegeligem Schaft sollen durch die Reibung des Kegels mitgenommen werden. Der am Ende des Bohrers befindliche „Lappen" dient also nur zum Herausschlagen des Kegels. Bei den in heutiger Zeit an die Spiralbohrer gestellten höheren Ansprüchen genügen die Morse- oder metrischen Kegel dort, wo ihr größter Durchmesser kleiner ist als der Bohrerdurchmesser, nicht mehr[3]. *Hochleistungsbohrer*, das sind die für besonders hohe Schnittgeschwindigkeiten und Vorschübe aus hochwertigen Schnellstählen hergestellten Bohrer, werden daher mit verstärktem Kegel gefertigt (DIN 346).

B. Werkstoffe für die Herstellung von Spiralbohrern.

21. Werkzeugstähle[4] sind Kohlenstoffstähle, die bei der Werkzeugherstellung Verwendung finden. Sie unterscheiden sich von den allgemeinen Maschinenbaustählen durch eine höhere Güte, die durch Auswahl der Rohstoffe, Art der Erschmelzung und Sorgfalt bei der Warmbehandlung im Stahlwerk erreicht wird. Sie besitzen einen Kohlenstoffgehalt von etwa 1%.

Es werden auch legierte Werkzeugstähle mit geringen Beimengungen (0.1 bis 2%) an Chrom, Vanadin und Mangan verarbeitet, bei denen man neben höherer

---

[1] Siehe Abschnitt „Kraftbedarf".
[2] Siehe Abschnitt „Kraftbedarf" und „Spitzenschleifmaschinen".
[3] Theoretische Begründung siehe H. BOCHMANN: Stock-Z. 1930 Heft 3 S. 44.
[4] Vgl. Werkstattbuch Heft 50 „Die Werkzeugstähle".

Zähigkeit auch eine sehr gute Schneidhaltigkeit erreicht. Die absolute Härte fällt bei diesen Stählen oft etwas geringer aus als bei den reinen Kohlenstoffstählen. Man verwendet die legierten Stähle besonders gern für Bohrerabmessungen unter 3 mm.

Bohrer aus Werkzeugstahl sind für geringe Leistungen sowie beim Bohren von Messing und ähnlichen Teilen verwendbar.

22. Schnellstähle sind Stähle, die hoch mit Wolfram, Molybdän, Vanadin legiert sind. Sie unterscheiden sich von den Werkzeugstählen durch ihre höhere Anlaßbeständigkeit und besitzen infolgedessen eine bedeutend höhere Schneidhaltigkeit, die durch das Vorhandensein der aus den Legierungselementen gebildeten Doppelkarbide noch erheblich gesteigert wird.

Bis zum Jahre 1935 wurde für die Werkzeugherstellung fast ausschließlich ein Schnellstahl mit 18% Wolfram, 4% Chrom und 1% Vanadin verwendet.

Infolge Einsparung an Legierungselementen werden jetzt nur noch Stähle folgender Richtanalyse erschmolzen:

I. Leistungsgruppe A···C:
   a) 10,0% Wolfram, 4,0% Chrom, 1,7% Vanadin,
   b) 2,5% Wolfram, 4,0% Chrom, 3,0% Vanadin, 2,5% Molybdän.
II. Leistungsgruppe D:
   10,0% Wolfram, 4% Chrom, 2,7% Vanadin.
III. Leistungsgruppe E:
   11,0% Wolfram, 4% Chrom, 4,5% Vanadin.

Es hat sich gezeigt, daß mit den neuen Stählen gleiche Schnittleistungen erreicht werden können, vorausgesetzt, daß die Wärmebehandlung — also das Härten — genau den Eigenschaften des verwendeten Stahles entsprechend erfolgt. Im allgemeinen Maschinenbau werden Spiralbohrer in den hauptsächlichsten Abmessungen von 3···60 mm benötigt. Sie können aus einem Schnellstahl der Gruppe A···C hergestellt werden. Mit diesen Stählen lassen sich auch noch beim Bohren vergüteter Stähle bis zu 120 kg/mm² Festigkeit wirtschaftliche Leistungen erzielen. Über 60 mm Durchmesser sollten mit Rücksicht auf die Schnellstahleinsparung keine Spiralbohrer, sondern nur noch Aufbohrwerkzeuge verwendet werden Die Schnellstähle der Gruppe D und E sind nach Möglichkeit nur in Sonderfällen zu verwenden.

23. Hartmetalle[1] bestehen in der Hauptsache aus Doppelkarbiden. Sie übertreffen unter bestimmten Arbeitsbedingungen die Schnellstähle in der Leistung um ein Vielfaches. Doch ist bei ihnen die Schneidhaltigkeit auf Kosten der Zähigkeit gesteigert worden. Die Hartmetalle sind also außerordentlich spröde. Die in ihnen liegenden Möglichkeiten können nur voll ausgenutzt werden, wenn das aufgelötete Hartmetallplättchen im Werkzeug einen ganz sicheren Rückhalt findet, und wenn die Werkzeugmaschine die Anwendung hoher Schnittgeschwindigkeiten unter Vermeidung von Schwingungserscheinungen ermöglicht. Diese Voraussetzungen lassen sich am leichtesten beim Dreh- oder Bohrstahl erfüllen.

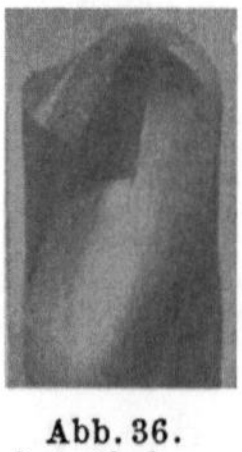

Abb. 36.
Spiralbohrer mit Hartmetallschneide.

Beim Spiralbohrer muß zur Aufnahme des Hartmetallplättchens eine Nut in die Bohrerspitze gefräst werden. Der Rückhalt, den das Plättchen im Bohrer findet, ist besonders bei kleinen Bohrern gering. Spanwinkel und Spiralsteigung liegen durch die Plättchenform in engeren Grenzen fest. Die Verwendungsmöglichkeit bleibt daher beschränkt. Ein mit Hartmetall bestückter Bohrer (Abb. 36) kann nur dort wirtschaftlich eingesetzt werden, wo ein

---

[1] Vgl. Werkstattbuch Heft 62: Hartmetalle in der Werkstatt.

Schnellstahlwerkzeug völlig versagt oder sich sehr stark abnutzt, z. B. beim Bohren von gehärteten Teilen, sehr hartem Grauguß, Glas, Marmor usw.[1]

Hartmetalle für die Bearbeitung verschiedener Werkstoffe sind in dem Normblatt DIN 4990 zusammengestellt.

C. Herstellung der Spiralbohrer.

Die Herstellung der Spiralbohrer bietet eine Fülle von Problemen, deren Einzelheiten hier nur kurz gestreift werden können. Sie erstrecken sich erstens auf Verbilligung der Massenfertigung, zweitens auf Gütesteigerung. Man unterscheidet drei Arbeitsstufen: Weichbearbeitung, Härtung und Hartbearbeitung.

24. Die Weichbearbeitung ist in der Hauptsache die Herstellung der Nut. Die Nut wird entweder aus dem Vollen gefräst mit besonders geformten Fräsern[2] oder durch Winden eines in dem gewünschten Profil vorliegenden Stabes oder durch Ausschmieden und Verdrehen einer Vierkantstange erzeugt.

Die *gefrästen Bohrer* haben den Vorteil der größten Genauigkeit. Man kann auf Sondermaschinen jede gewünschte Steigung und Nutenform herstellen. Der Schaft, sei er nun zylindrisch oder kegelig, bleibt voll und gewährt eine sichere Aufnahme des Bohrers.

Die *gewundenen Bohrer* (Abb. 37···40) haben neben dem Vorteil der Werkstoffersparnis meist den Nachteil,

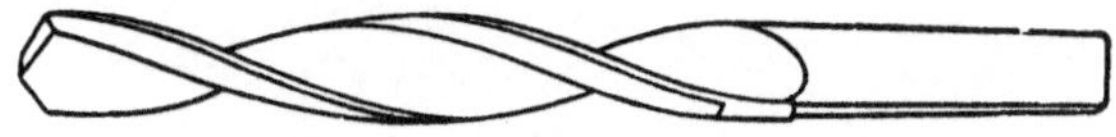

Abb. 37. Gewundener Bohrer mit flachem Kegelschaft.

Abb. 38. Gewundener Bohrer mit gerade genutetem Zylinderschaft.

Abb. 39. Gewundener Bohrer mit angestauchtem Kegelschaft.

Abb. 40. Gewundener Bohrer mit gewundenem Kegelschaft.

daß das der Nutenform entsprechende Profil auch im Schaft vorhanden ist, so daß man zum Spannen besonderer Futter bedarf (siehe Kap. VII). Die Spannbacken dieser Futter müssen dem Profil genau angepaßt sein, wenn der Bohrer einigermaßen sicher mitgenommen werden soll. Ist der Schaft ebenfalls verwunden und kegelig überschliffen, so daß er ohne Futter in den Kegel der Arbeitsmaschine eingesetzt werden kann, so setzen sich leicht Schmutz und Späne in der Verwindung fest, die den Innenkegel der Arbeitsspindel beschädigen und ein stetes Reinigen notwendig machen. Solche Bohrer sind auch weniger widerstandsfähig und federn stark auf, auch wenn sie in der Form nach Abb. 39 und 40 hergestellt sind. Der häufig erwähnte Vorteil gewundener Bohrer, daß im Gegenatz zum gefrästen Bohrer die „Faser" nicht zerschnitten wird, besteht in Wirklichkeit nicht, da in einem gut durchgeschmiedeten Schnellstahl, zum mindesten nach dem Härten, eine Faserrichtung nicht festzustellen ist[3]. Gewundene Profilbohrer sind aus diesen Gründen nur noch selten anzutreffen.

Die *geschmiedeten oder gewalzten Bohrer* (Abb. 41) können mit vollem Schaft hergestellt werden. Sie können für sich ebenfalls den Vorteil in Anspruch nehmen, daß zu ihrer Herstellung weniger Werkstoff verbraucht wird und daß bei

---

[1] Über Verwendung siehe Abschnitt F: Bohrbarkeit verschiedener Werkstoffe (S. 31).
[2] Vgl. Werkstattbuch Heft 88: Das Fräsen.
[3] SCHMITZ: Masch.-Bau 1925 S. 832.

richtiger Warmbehandlung durch das Ausschmieden der Werkstoff feinkörniger wird. Die Form der Nuten wird allerdings ungenauer als beim Fräsen. Infolgedessen müssen geschmiedete Bohrer, sofern sie ein hochwertiges Erzeugnis darstellen, nachgefräst werden.

Eine Werkstoffersparnis kann bei Bohrern weiterhin dadurch erreicht werden, daß der Kegel aus Maschinenstahl elektrisch stumpf angeschweißt wird, was besonders vorteilhaft bei Bohrern mit verstärktem Kegel (Kegeldurchmesser größer als Bohrerdurchmesser) ist.

Abb. 41. Fertigungsstufen geschmiedeter Bohrer.

25. Das Härten[1]. Die Härtung gibt dem Werkzeug die erforderliche Schneidfähigkeit. Durch Anlassen nach dem Härten werden die Bohrer zäher und damit schneidhaltiger gemacht. Härten und Anlassen sind von großer Bedeutung für die Güte des Werkzeuges.

26. Hartbearbeitung. Viele Bohrer werden beim Härten krumm und müssen gerichtet werden, bevor sie weiter bearbeitet werden können. Diese weitere Bearbeitung besteht hauptsächlich aus dem Rundschleifen des Spiralteils wie des Schaftes und dem Anschleifen der Spitze. Bohrer mit zylindrischem Schaft werden in neuzeitlich eingerichteten Werkstätten durchweg im spitzenlosen Verfahren geschliffen, wobei es durch Sondereinrichtungen auch möglich ist, die Verjüngung zwischen Spitze und Auslauf der Nuten herzustellen. Ein richtiger Spitzenanschliff wird auf den im Abschnitt „Instandhaltung" dargestellten Maschinen hergestellt.

D. Kräfte beim Bohren mit Spiralbohrern.

27. Drehmoment, Axialkraft und Schnittleistung. Den zwei Bewegungen des Bohrers (s. S. 4), der Schnittbewegung (Drehung um die Bohrerachse) und der Vorschubbewegung (in Richtung der Achse) setzt das Werkstück Widerstand entgegen, der durch die in die Maschine und den Bohrer eingeleiteten Kräfte überwunden werden muß. Diese Kräfte sind: die Drehkraft, die den Schnittwiderstand überwindet, und die Axialkraft, die den Vorschubwiderstand überwindet. Die Drehkraft R, die man sich je zur Hälfte rechtwinklig zu jeder der beiden Schneiden und parallel zueinander im Abstand x (cm!) (Abb. 42) angreifend denken kann, ergibt ein Drehmoment $M_d = Rx/2$ (cmkg), und dieses Moment gibt, multipliziert mit der Winkelgeschwindigkeit $\frac{2\pi n}{60}$ (wobei n die minutliche Umlaufzahl bedeutet) die in der Maschine gebrauchte Schnittleistung[2]

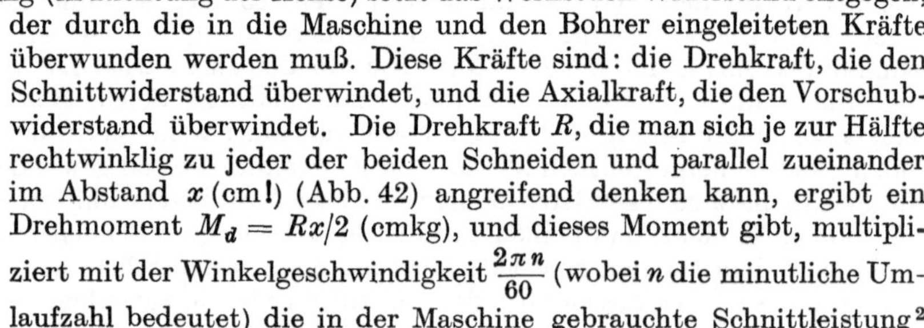
Abb. 42. Kraftwirkung am Bohrer.

$$N_s = \frac{M_d\, n\, 2\pi}{75 \cdot 60 \cdot 100} = \frac{M_d\, n}{71\,620}\ \text{PS} \quad \text{bzw.} \quad \frac{M_d\, n\, 2\pi}{102 \cdot 60 \cdot 100} = \frac{M_d\, n}{97\,410}\ \text{kW.}$$

---

[1] Werkstattbücher Heft 7 und 8. — KOTHNY: Masch.-Bau 1928 S. 959.
[2] Siehe auch HERMANN HOTH: Wirtschaftliches Bohren. Werkstatt u. Betrieb 1940 S. 82.

Die Axialkraft P beansprucht den Bohrer auf Knickung und die Maschine auf
Biegung, so daß sich bei großem Vorschubdruck der Tisch elastisch nach unten
von $b\cdots b$ nach $b'\cdots b'$ (Abb. 43) verbiegen kann und der Ständer der Maschine
mit Spindel und Bohrer nach hinten, von $a\cdots a$ nach $a'\cdots a'$. Die zurückfedernde
Maschine erhöht den Vorschub beim Durchbrechen
der Bohrerspitze an der Unterseite des Arbeits-
stückes. Die Arbeitsleistung N_v der Vorschubkraft
P (kg), bei, einem Vorschub s (mm/U) ist gegeben
durch die Gleichung

$$N_v = \frac{P\,n\,s}{75\cdot 60\cdot 1000} = \frac{P\,n\,s}{4\,500\,000}\ \text{PS}$$

$$\text{bzw.}\quad \frac{P\,n\,s}{102\cdot 60\cdot 1000} = \frac{P\,n\,s}{6\,120\,000}\ \text{kW.}$$

Gegenüber der Schnittleistung N_s ist N_v so klein,
daß es fast immer vernachlässigt werden kann.

28. Die Verteilung der Kräfte am Bohrer ist in
Abb. 44 dargestellt [1] Es sind zu unterscheiden:
1. die an der Hauptschneide, 2. die an der Querschneide, 3. die auf die Nutenfläche und am Bohrerumfang wirkenden Kräfte.

Bei Betrachtung eines Punktes der Hauptschneide ergibt sich (unter Berücksichtigung des
Grundgesetzes der Zerspanung, daß der Span
rechtwinklig zur Schneide abfließt) der auf der
Spanfläche und also auch auf der Schneidkante
rechtwinklig stehende Schnittdruck N_1, sowie die
in Richtung des Spanablaufes wirkende Reibungs-

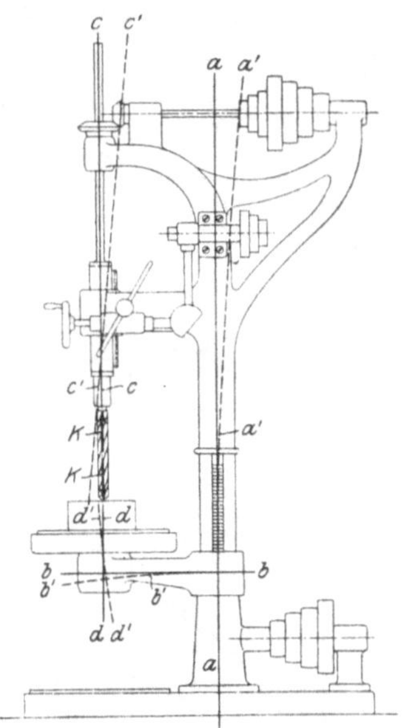

Abb. 43. Durchfedern einer Bohrmaschine.

kraft $R_1 = \mu N_1$. In der durch diese beiden Kräfte bestimmten, zur Schneidkante
rechtwinklig stehenden Ebene wirkt gegen die Freifläche die Normalkraft N_2.
In Richtung der Bewegung, d. h. als Tangente an die
beim Bohren beschriebenen Schraubenlinien wirkt die
Reibungskraft $R_2 = \mu N_2$. An jeder Hälfte der Querschneide sind die Spandrücke N_Q anzubringen, die beim
Abreißen der Späne vor der Querschneide erzeugt werden.
Am Bohrerumfang ist in Richtung der Bewegung eine
Reibungskraft R_3 angenommen, die zum Teil durch Reibung der Fase an der Lochwand, zum Teil durch Reibung
der Späne an der Lochwand und Rückdruck auf die Nutenfläche entsteht.

Die getrennte Messung dieser Kräfte ist schwierig.
Man kann sie zum Teil jedoch durch Rechnung ermitteln,
wobei man von dem durch Messung ermittelten Drehmoment und dem Axialdruck des Bohrers ausgeht. Da-

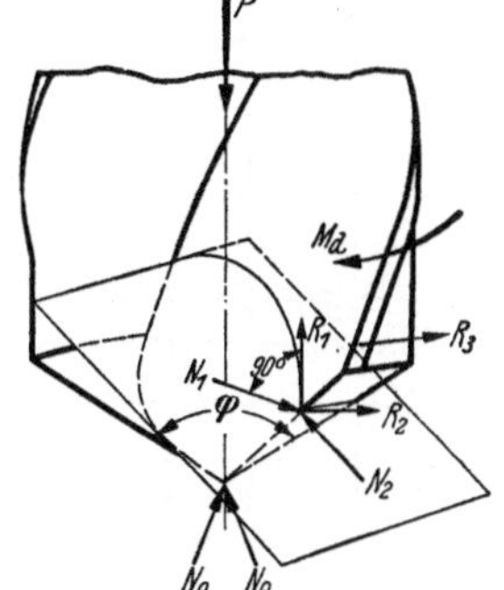

Abb. 44. Kräfte an der Schneide.

durch, daß auf einem Zylinder gebohrt wird, dessen Durchmesser gleich demjenigen
des Bohrers ist, erreicht man den Fortfall der Span- und Fasen-Reibungskräfte.
Bohrt man außerdem diesen Zylinder auf den Durchmesser der Querschneide vor, so
fallen auch die an der Querschneide wirkenden Kräfte fort, und man erhält lediglich
die an den Hauptschneiden wirkenden Dreh- und Axialkräfte. Eine solche Auf-
zeichnung ist in Abb. 45 dargestellt. Der Anteil der Hauptschneiden am *Gesamt-*

[1] Nach PATKAY: Werkst.-Techn. 1929 S. 34.

drehmoment beträgt je nach dem gewählten Vorschub $70\cdots90\%$. Das Drehmoment der Querschneide ist mit $10\cdots3\%$ am geringsten. Die Span- und Fasenreibung hat

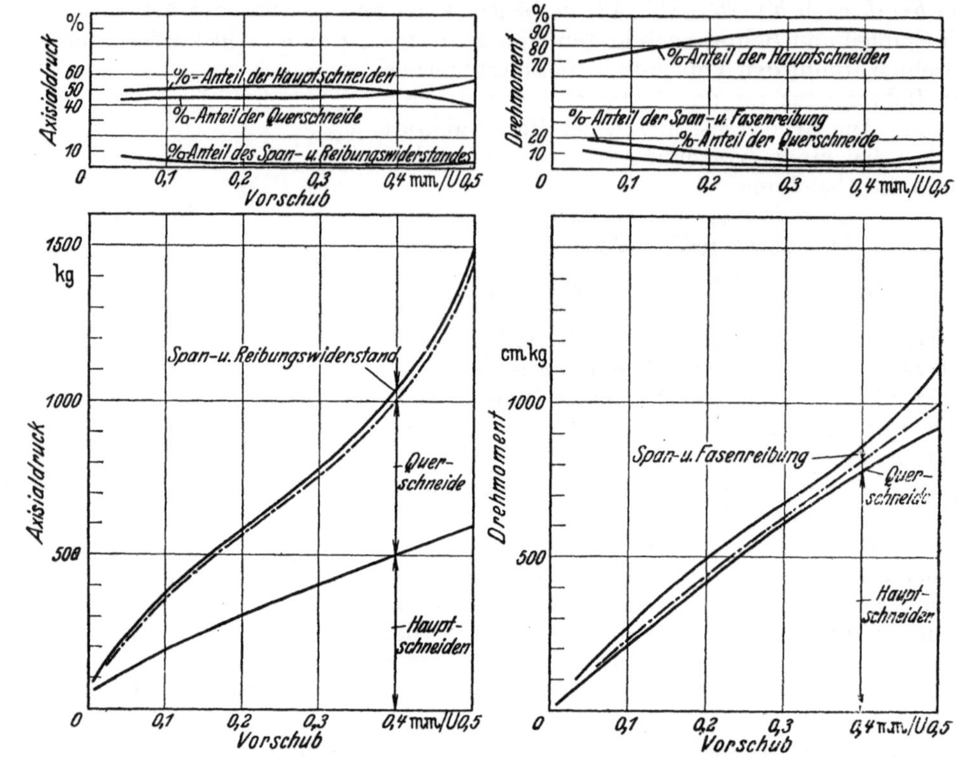

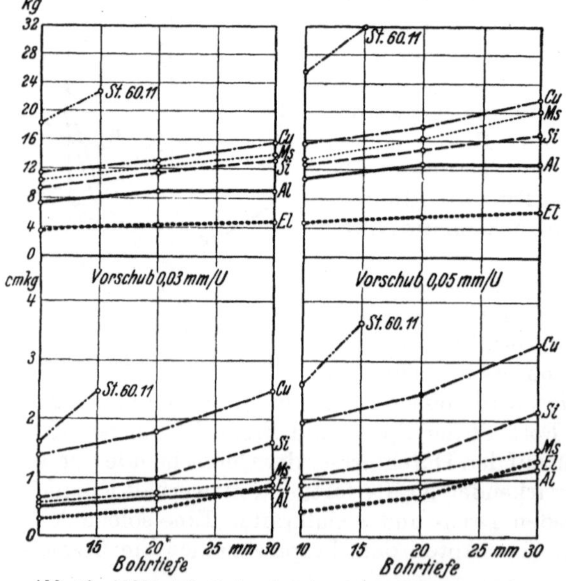

Abb. 45. Aufteilung von Axialdruck und Drehmoment.
Bohrerdurchmesser $d = 26$ mm; Bohrtiefe $= 2\,d$; Werkstoff: St 60.11.

Abb. 46. Abhängigkeit des Axialdrucks und Drehmoments
von der Bohrtiefe (Bohrerdurchmesser 3 mm).

einen größeren Anteil am Gesamtdrehmoment. Im vorliegenden Falle, wo die Versuchspunkte für eine Bohrtiefe von 50 mm gelten, beträgt sie $20\cdots5\%$. Bei steigender Bohrtiefe nimmt jedoch die Spanreibung sehr stark zu. Ihr Ansteigen ist bereits bei Lochtiefen, die das 5fache des Bohrerdurchmessers betragen, deutlich bemerkbar[1] (s. Abb. 46, Beispiel des Bohrers von 3 mm Durchmesser und Bohrtiefen bis zum 10fachen des Durchmessers). Bei Lochtiefen über $10\,d$ machen sich meist schon Spanklemmungen bemerkbar, die ein Heraufschnellen des Drehmoments auf das Doppelte und Dreifache des ursprünglichen Wertes hervorrufen.

---

[1] Besonders bei Stahl.

Der Anteil der Querschneide am *Axialdruck* ist mit 45···58% wesentlich höher, während der Span- und Fasenreibungswiderstand hier unbedeutend bleibt. Be-

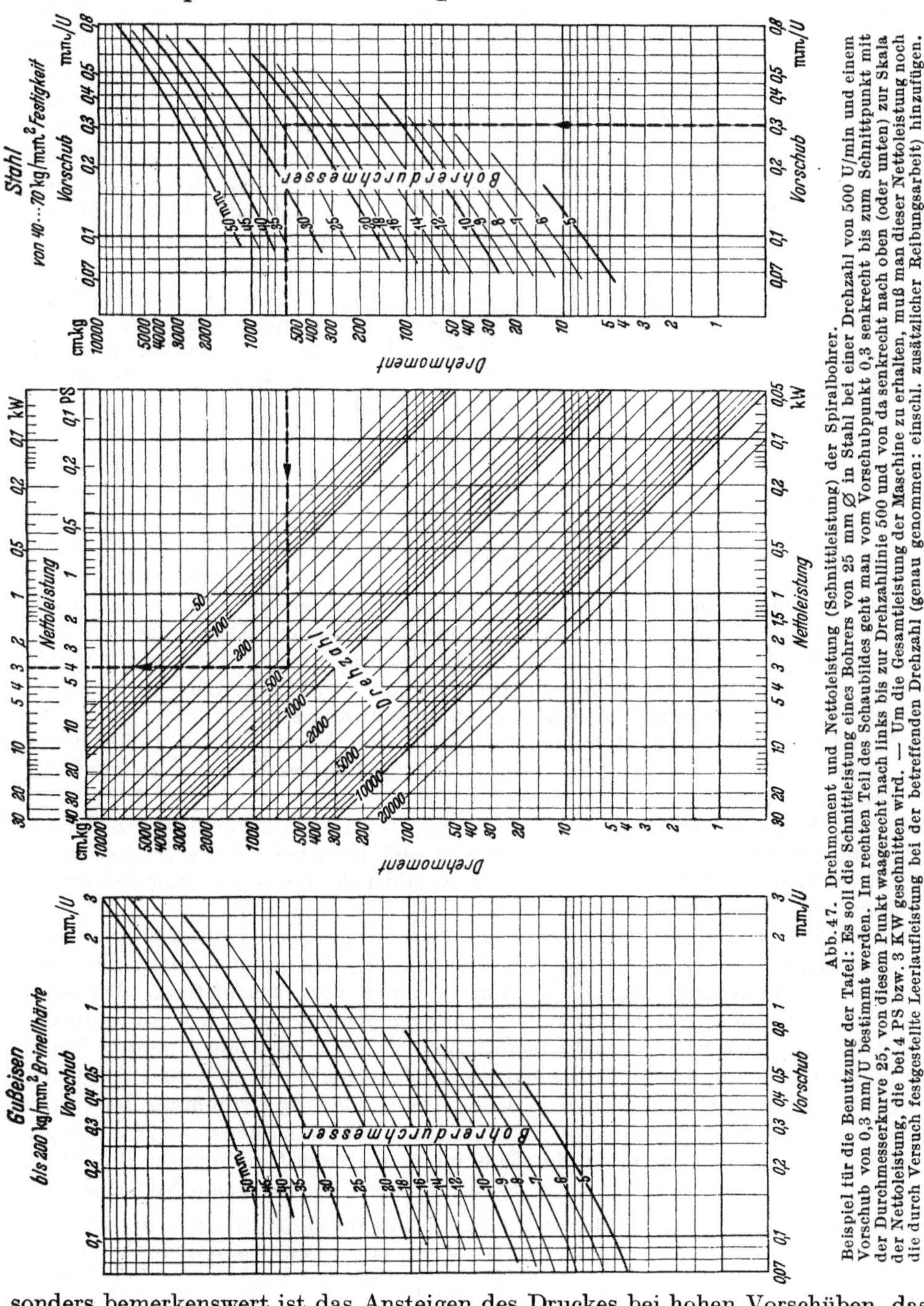

Abb. 47. Drehmoment und Nettoleistung (Schnittleistung) der Spiralbohrer. Es soll die Schnittleistung eines Bohrers von 25 mm ⌀ in Stahl bei einer Drehzahl von 500 U/min und einem Vorschub von 0,3 mm/U bestimmt werden. Im rechten Teil des Schaubildes geht man vom Vorschubpunkt 0,3 senkrecht bis zum Schnittpunkt mit der Durchmesserkurve 25, von diesem Punkt waagerecht nach links bis zur Drehzahllinie 500 und von da senkrecht nach oben (oder unten) zur Skala der Nettoleistung, die bei 4 PS bzw. 3 KW geschnitten wird. — Um die Gesamtleistung der Maschine zu erhalten, muß man dieser Nettoleistung noch die durch Versuch festgestellte Leerlaufleistung bei der betreffenden Drehzahl (genau genommen: einschl. zusätzlicher Reibungsarbeit) hinzufügen.

sonders bemerkenswert ist das Ansteigen des Druckes bei hohen Vorschüben, das durch die Stauung der Späne vor der Querschneide, also an einer Stelle, wo nur wenig Platz vorhanden ist, bedingt ist.

Hieraus erklärt sich auch der große Einfluß der Ausspitzung des Bohrers auf den Axialdruck, die eine Verringerung des Druckes bis zu 30% ergeben kann. Im Vergleich zu den Schnittdruckgesetzen anderer zerspanender Werkzeuge zeigt das Schaubild, daß zwar die Drücke der Hauptschneiden denselben Gesetzen folgen, wie diejenigen einer Drehstahlschneide, daß aber die zusätzlichen Beanspruchungen einen anderen Verlauf des Gesamtdrehmoments oder Axialdrucks ergeben insofern, als beide — besonders aber der Axialdruck — mit zunehmendem Vorschub stärker ansteigen. Erwähnt werden muß, daß die Kurven nicht durch den Koordinaten-Nullpunkt gehen. Zum Anschneiden ist also bereits ein bestimmter Anpreßdruck notwendig, und die Reibung der Schneide unter diesem Druck ergibt bereits

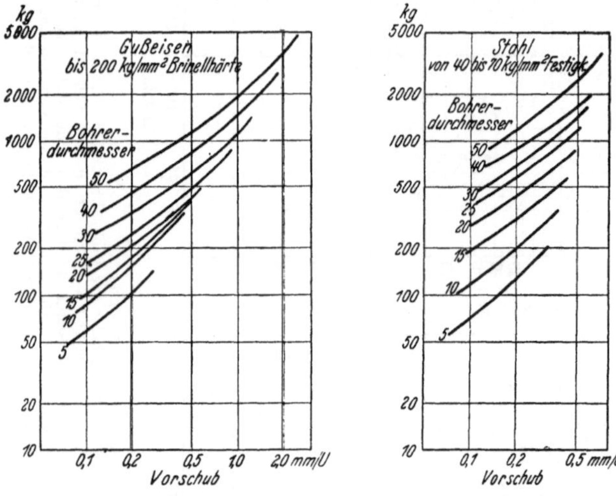

Abb. 48. Abhängigkeit des Axialdrucks vom Vorschub.

ein, wenn auch geringes Drehmoment. Die Bestimmung dieser durchaus meßbaren Kräfte ist bis nahe an die Vorschubgröße 0 möglich. Diese Eigentümlichkeiten des Bohrvorganges erschweren die Aufstellung einer Gesetzmäßigkeit. Sie erklären auch, daß die aus den Schnittdruckmessungen abzuleitenden Gleichungen je nach Durchmesser und Vorschubbereich verschieden sind.

29. Schnittleistung. Es ist daher vorteilhaft, die Leistungen von Bohrern aus dem Schaubild Abb. 47 abzulesen. Im linken Teil dieses Schaubildes sind die Drehmomente für Gußeisen, im rechten für Stahl zwischen 40 und 70 kg/mm² Festigkeit aufgezeichnet [1]. In Verbindung mit den im mittleren Teil des Schaubildes eingetragenen Drehzahllinien läßt sich auf der Abszisse die Nettoleistung ablesen. Abb. 48 gibt Richtwerte für den Axialdruck unausgespitzter Bohrer in Abhängigkeit vom Vorschub.

30. Einfluß des Bohrerdurchmessers. Der Kraftbedarf steigt nicht proportional mit dem Bohrerdurchmesser. Für das Drehmoment M_d gilt also nicht die Gleichung der geraden Linie $M_d = a \cdot d$, worin a einen vom bearbeiteten Werkstoff und den allgemeinen Arbeitsumständen abhängenden Faktor, d den Bohrerdurchmesser bedeuten würde. Vielmehr ändert sich M_d nach einer gekrümmten Linie, was in der Gleichung durch **Anhängen eines Exponenten** n an d zum Ausdruck gebracht wird, wobei man dann n so wählen kann, daß die Krümmung der Kurve den Versuchsergebnissen möglichst nahekommt. Nimmt man also als Näherungsgleichung für die Abhängigkeit des Drehmoments vom Durchmesser die Form $M_d = a \cdot d^n$, so ergibt sich für n auf Stahl der Wert 2,3 bei einem Vorschub von

[1] R. STOCK: Berlin-Marienfelde. Das Schaubild gilt für die Bestimmung der Leistung eines Bohrers auf den im allgemeinen im Maschinenbau verwendeten Werkstoffen bei gewöhnlichen Lochtiefen von $1 \cdots 3\,d$. — HÜLLE: Grundzüge der Werkzeugmaschinen Bd. 1 (1928) S. 249. — WALLICHS, A.: Werkst. u. Betrieb 1933 S. 325 $\cdots$ 330. — WALLICHS, A. u. H. OPITZ: Stahl u. Eisen 1931 S. 1478 $\cdots$ 1479. — Schieß-Nachr. Bd. 12 (1932) S. 35 $\cdots$ 37. — Z. VDI Bd. 76 (1932) S. 240. — PATKAY, ST.: Werkst.-Techn. Bd. 22 (1928) S. 677 $\cdots$ 683; Bd. 23 (1929) S. 3 $\cdots$ 10, 33 $\cdots$ 42.

0,008 und der Wert 2 bei einem Vorschub von 0,5 mm/U. Für Gußeisen sind die entsprechenden Werte 2,2 und 2,1. Die Werte stimmen annähernd mit denen von SMITH-POLIAKOFF[1] und BOSTON-OXFORD[2] überein.

31. Einfluß von Schnittgeschwindigkeit und Vorschub. Der Einfluß der Schnittgeschwindigkeit auf die Schnittkräfte ist innerhalb der gebräuchlichen Schnittgeschwindigkeit und bei großen Bohrerdurchmessern gering. Bei besonders niedrigen und besonders hohen Schnittgeschwindigkeiten und überdies bei kleineren Bohrerdurchmessern zeigt sich ein bedeutendes Ansteigen von Drehmoment und Axialdruck.

Nimmt man für die Veränderlichkeit des Drehmoments in Abhängigkeit vom Vorschub die Näherungsformel $M_d = a \cdot s^n$ an, so ergeben sich für n auf Stahl und Gußeisen Werte zwischen 0,4 bei 50 mm $\varnothing$ und 0,8 bei 5 mm $\varnothing$. Jedenfalls ist der Exponent n immer kleiner als 1, und aus diesem Grunde ist es für den Gesamtkraftbedarf günstig, mit hohen Vorschüben und niedrigen Schnittgeschwindigkeiten zu arbeiten. Abb. 49 zeigt an dem Beispiel eines Bohrers von 25 mm $\varnothing$, der in SM-Stahl von 60 kg/mm² Festigkeit ein Loch von 50 mm Tiefe in 15 Sekunden bohrt, in welcher Weise der Kraftbedarf bei zunehmendem Vorschub und entsprechender Verringerung der Schnittgeschwindigkeit abfällt. (Um die Bohrzeit je Loch gleichzuhalten, muß bei Erhöhung des Vorschubes die Schnittgeschwindigkeit so verringert werden, daß das Produkt aus beiden immer gleichbleibt.) Ein weiterer Vorteil der Verwendung höherer Vorschübe bei entsprechend niedrigen Schnittgeschwindigkeiten ist die Erhöhung der Lebensdauer des Bohrers.

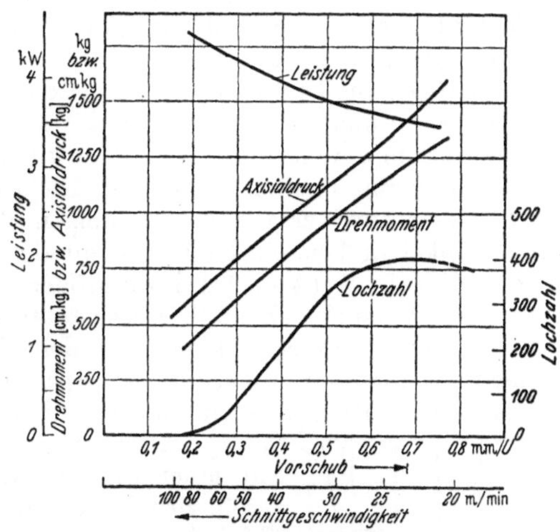

Abb. 49. Einfluß von Schnittgeschwindigkeit und Vorschub auf die Leistung des Bohrers (25 mm $\varnothing$) bei gleichbleibender Bohrzeit je Loch (15 s).

Wie aus dem Schaubild zu erkennen ist, war bei 80 m Schnittgeschwindigkeit der Bohrer bereits nach einigen Löchern stumpf, während er unterhalb 30 m Schnittgeschwindigkeit und bei entsprechend erhöhten Vorschüben Lochzahlen bis zu 400 mit einem Anschliff erreichte.

Wenn die meisten Werkstätten sich auf mittlere Vorschübe eingestellt haben, so liegt dieses daran, daß die meisten Bohrmaschinen die hohen Axialdrücke ohne unzulässig große Abbiegungen nicht aufzunehmen vermögen. Eine starrere Bauart der Maschine bedingt aber einen wesentlich höheren Preis. Hinzu kommt, daß die Verwendung von Ausleger- und Mehrspindel-Bohrmaschinen zunimmt und die Ständerbohrmaschinen mehr und mehr verdrängt werden. Gerade bei Auslegermaschinen machen sich aber hohe Axialdrücke besonders unangenehm bemerkbar.

32. Einfluß der Spiralsteigung und des Anschliffs. Je enger die *Spiralsteigung*, desto größer ist der Spanwinkel. Wie bei anderen zerspanenden Werkzeugen ist auch hier mit zunehmendem Spanwinkel der Kraftbedarf geringer. Hierbei muß allerdings berücksichtigt werden, daß die Spanwinkel nach der Querschneide zu allmählich abnehmen, und daß bei Bohrern, die am Außendurchmesser verschie-

[1] Werkst.-Techn. 1911 S. 99.
[2] Masch.-Bau 1930 S. 244; 1932 Nr. 5 S. 96.

dene Spanwinkel besitzen, diese nach innen zu sich nicht mehr wesentlich unterscheiden. Es liegt auf der Hand, eine Korrektur der inneren Spanwinkel vorzunehmen. Die normale Ausspitzung verringert nur die Länge der Querschneide, ohne die Spanwinkel zu verbessern. Ein einfaches Ausschleifen der Nuten längs der Schneide mit Hilfe einer geradlinig geführten Schleifscheibe würde die Querschneide zu stark unterhöhlen. Derart ausgespitzte Bohrer brechen an der Querschneide ab. Durch ein neueres Ausspitzverfahren[1] gelingt es, zunächst längs der Schneidkante den am Außenumfang vorhandenen Winkel zu erhalten, kurz vor der Mitte jedoch diesen Winkel auf 0° zu verringern (s. Abb. 34a und b). Diese Ausspitzung gibt nicht nur die übliche Verringerung des Axialdruckes, sondern auch eine bedeutende Verringerung des Drehmoments bis zu etwa 20%.

Demgegenüber haben diejenigen Anschliffe, die die Freifläche vor der Querschneide aushöhlen[2], keinen Einfluß auf die Größe des Drehmoments. Der Axialdruck wird durch solche Schliffe zwar verringert, aber nicht mehr als bei einer richtigen Ausspitzung ohnehin.

Die Größe von Drehmoment und Axialdruck ist auch vom *Spitzenwinkel* abhängig. Das erklärt sich daraus, daß die senkrecht zur Schneidkante wirkende Schneidkraft mit Änderung des Spitzenwinkels verschiedene Lagen einnimmt und daher ihre Komponenten in axialer Richtung sich ändern. Die Versuche von Smith-Poliakoff[3] zeigen ein Ansteigen des Axialdruckes mit zunehmendem Spitzenwinkel in Übereinstimmung mit der Überlegung, daß die axiale Komponente der Kraft N_2 (Abb. 44) desto größer wird, je stumpfer der Winkel ist. Das durch diese Versuche ebenfalls festgestellte Fallen des Drehmoments mit zunehmendem Spitzenwinkel läßt sich aus den Kraftrichtungen allein nicht erklären, vielmehr ist hier die Änderung des Spanquerschnittes maßgebend. Bei großen Spitzenwinkeln ist der Span kürzer und dicker als bei kleinen Spitzenwinkeln. Der spezifische Spandruck des dicken Spanes ist geringer und daher auch der Gesamtkraftbedarf.

33. Bruchfestigkeit von Spiralbohrern. Die Widerstandsfähigkeit von Spiralbohrern wird durch dasjenige Drehmoment gemessen, das gerade genügt, den Bohrer zu zerbrechen: *Bruchdrehmoment*. Je stärker der Bohrer ist, um so größer ist natürlich auch sein Bruchdrehmoment; es wächst sogar sehr viel schneller als der Bohrerdurchmesser: ein doppelt so starker Bohrer hat z. B. ein 5- bis 8mal so großes Moment.

In Abb. 50 sind die Bruchdrehmomente in Abhängigkeit vom Durchmesser aufgetragen[4]. Bei werkstattüblichen Arbeiten wird der Bohrer bei weitem nicht bis zu seinem Bruchmoment angestrengt, vielmehr liegen die üblichen „*Gebrauchsmomente*" wesentlich niedriger. Die Spanne steigt mit zunehmendem Durchmesser, weshalb die Bruchfestigkeit der Spiralbohrer hauptsächlich nur bei kleinen Durchmessern eine Rolle spielt. Es tritt leicht ein, daß infolge Spanklemmungen oder Verlaufen der Bohrer die Drehmomente sich um das 3fache erhöhen und daß dann

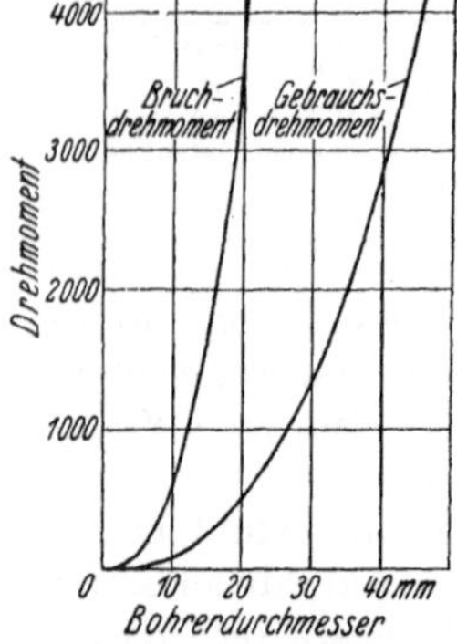

Abb. 50. Bruchdrehmomente handelsüblicher Spiralbohrer im Vergleich zum Gebrauchsdrehmoment.

messern eine Rolle spielt. Es tritt leicht ein, daß infolge Spanklemmungen oder Verlaufen der Bohrer die Drehmomente sich um das 3fache erhöhen und daß dann

---

[1] Ausspitzmaschine von R. Stock & Co. AG. — Siehe auch A. Wallichs u. W. Mendelson: Werkst.-Techn. 1937 S. 97.

[2] Siehe Abb. 34 a und Werkst.-Techn. 1929 S. 113.

[3] Werkst.-Techn. 1911 S. 99.

[4] Nach Versuchen von R. Stock, Berlin-Marienfelde. Mathematisch kann die Beziehung zwischen Bruchmoment M (cmkg) und Durchmesser d (mm) dargestellt werden durch die Gl.: $M = 1,3\,d^{2,7}$.

die Bruchgrenze erreicht ist. Bei großen Durchmessern ließen sich an sich die gebräuchlichen Drehmomente noch erheblich steigern, ohne daß die Bruchgefahr praktisch vergrößert würde.

E. Richtlinien für das Arbeiten mit Spiralbohrern.

34. Allgemeines. Vor dem Einspannen des Werkzeuges ist darauf zu achten, daß der Bohrer entsprechend dem Durchmesser des zu bohrenden Loches das richtige Maß hat. Jeder Bohrer bohrt etwas größer als sein Durchmesser. Abb. 51 zeigt Richtwerte für das Übermaß von gebohrten Löchern über dem Bohrerdurchmesser unter üblichen Arbeitsbedingungen. Voraussetzung für die Einhaltung dieser Werte ist zentrischer Anschliff und genaues Rundlaufen der Bohrer. Um die Werkzeuge nicht zu verderben, darf man niemals Schläge gegen Bohrer oder Einsatzhülse führen.

35. Der Anschliff. Zum Bohren dünner Bleche, die sich durchbiegen, werden flache Anschliffe angewandt, damit der Bohrer möglichst plötzlich an der Unterseite austritt. Je enger die Spiralwindung des Bohrers, um so flacher muß im allgemeinen der Anschliff sein, damit das Werkstück nicht hochgerissen

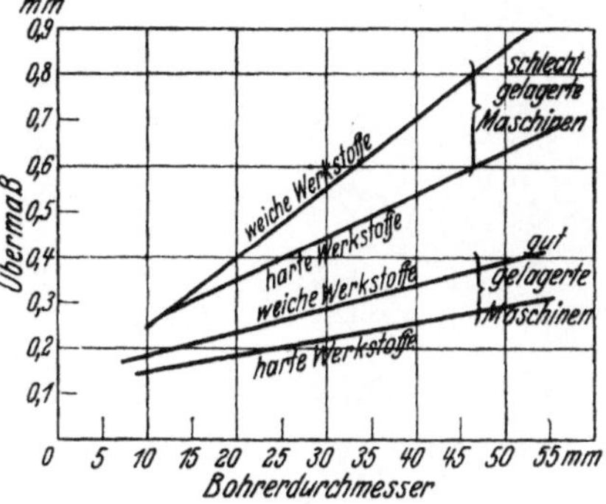

Abb. 51. Übermaß gebohrter Löcher über dem Nenndurchmesser des Bohrers.

oder, falls es festgespannt ist, der Bohrer nicht aus dem Kegel der Maschine herausgerissen wird.

Um möglichst runde Löcher zu bekommen, kann man mit Zentrumspitze arbeiten.

Harte und spröde Werkstoffe lassen sich häufig besser mit spitzen Anschliffen bearbeiten, weil die Verteilung des Spanes auf eine längere Schneide höhere Lebensdauer ergibt. Gratbildung an der Unterseite des Loches, z. B. bei Stahl geringer Festigkeit, wird durch flachen Anschliff, Ausbrechen der Lochränder, z. B. bei gepreßten Papiermassen, durch spitzen Anschliff vermieden. Von Einfluß sind hier allerdings außer dem Anschliff auch der Spiralwinkel sowie Schnittgeschwindigkeit und Vorschub.

36. Das Verlaufen der Bohrer beim Anbohren. Beim Anbohren nach vorgeschlagenem Körner kommt es häufig vor, daß der Bohrer verläuft. Es darf daher nur so weit angebohrt werden, daß der Kontrollkreis a (Abb. 52) noch zu sehen ist. Ist der Bohrer verlaufen, so wird mit einem Flachmeißel eine Einkerbung c in die verlaufene Zentrierung

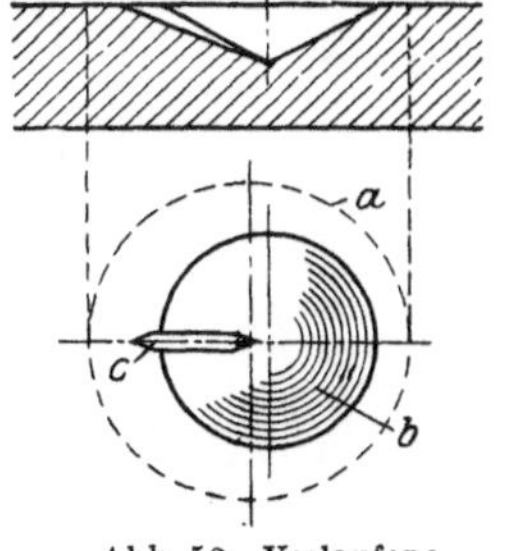

Abb. 52. Verlaufene Anbohrung.

b eingehauen. Der Bohrer wird an dieser Stelle eher eindringen und dadurch wieder auf Mitte gebracht.

37. Das Abbrechen der Bohrer ist eine der unangenehmsten Erscheinungen beim Bohren. Es hat folgende Gründe:

a) *Schlechte Aufnahme durch nicht passende oder nicht festsitzende Kegelhülse oder nicht rundlaufende Futter.* Das kommt vor, wenn die Kegel des Schaftes und der Hülse nicht übereinstimmen, erhabene und verbeulte Stellen besitzen und einseitige Mitnehmerschlitze oder Mitnehmerlappen haben. In solchen Fällen wird meist der Kegellappen abreißen, da er allein das Drehmoment zu übertragen hat, das sonst durch den Kegel übertragen wird (Abb. 53).

b) *Schlechter Anschliff und falsche Ausspitzung.* Freiflächen, die am Außendurchmesser drücken, erkennt man leicht dadurch, daß die Schneidkanten nicht fassen. Gewöhnlich rutscht die Kupplung im Vorschubantrieb: der Bohrer erhält keinen Vorschub. Schneidet der Bohrer jedoch außen und drückt an den Teilen vor der Querschneide, so reißt der Bohrer im Kern leicht auf. Man muß also besonders auf die Teile der Freifläche vor der Querschneide achten. Zu starker Hinterschliff ergibt ein Ausbrechen oder Ausbröckeln der Schneiden. Falsche Ausspitzungen (Abb. 31b···d, 33), bei denen die Spitze des Bohrers zu sehr geschwächt oder die von Haupt- und Querschneide gebildete Ecke zu stark unterhöhlt ist, brechen ebenfalls aus oder bedingen ein Aufreißen des Bohrers. Bei Benutzung schlechter Schleifscheiben treten leicht Schleifrisse (Abb. 54) auf, die auch zum Ausbrechen der Schneiden führen. Daher nicht zu harte Scheiben bei genügender Kühlung verwenden!

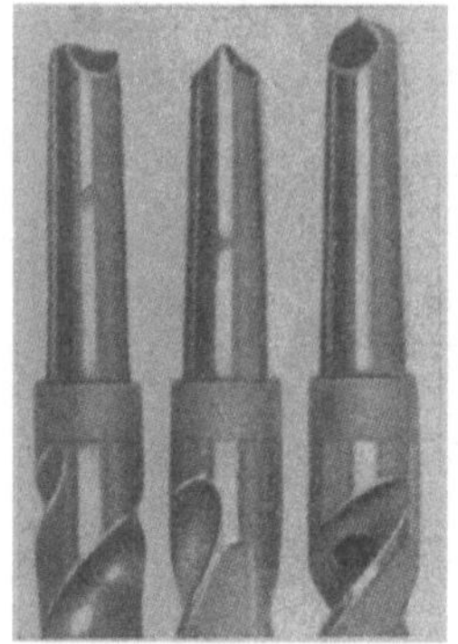

Abb. 53. Bohrer mit beschädigtem Schaft.

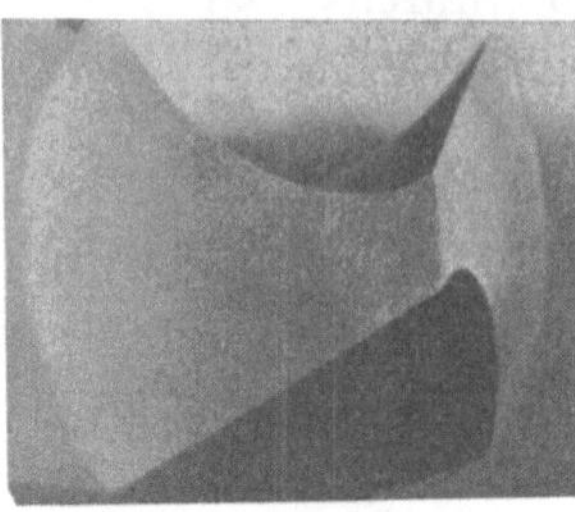

Abb. 54. Bohrerspitze mit Schleifrissen.

c) *Toter Gang der Bohrspindel* (Abb. 55). Solange der Bohrer im Werkstoff arbeitet, wird die Bohrspindel nach oben gedrückt. Sie fällt erst, wenn die Querschneide durchgebrochen ist. Hierdurch erhält der Bohrer plötzlich einen sehr großen Vorschub, wodurch er abbrechen kann.

d) *Federn des Maschinengestelles.* Besonders bei älteren Auslegerbohrmaschinen wird der Auslegerarm während des Bohrens stark nach oben gedrückt und federt beim Durchbruch der Querschneide zurück. Auch versucht der Auslegerarm, wenn er nicht festgespannt ist, seitlich auszuweichen. Beide Vorgänge können den Bruch des Bohrers zur Folge haben.

e) *Schlechte Aufspannung des Werkstückes.* Leichtere, nicht festgespannte Werkstücke werden von Bohrern mit engerer Spirale beim Durchbruch hochgerissen und schlagen umher, wodurch meist der Bohrer bricht. Bei schwereren Werkstücken wird der Bohrer aus der Spindel gerissen. Abhilfe: flacher Anschliff, starker Kegel.

f) *Bohren in vorgebohrten Löchern.* Bohrer, die in vorgebohrten Löchern arbeiten, brechen meist aus, da sie zu unruhig arbeiten und leicht einhaken, weil der Rückdruck an der Querschneide fehlt. Man soll daher höchstens auf einen Durchmesser vorbohren, der der Länge der Querschneide entspricht. Für größer vorgebohrte Löcher ist der Senker das richtige Werkzeug.

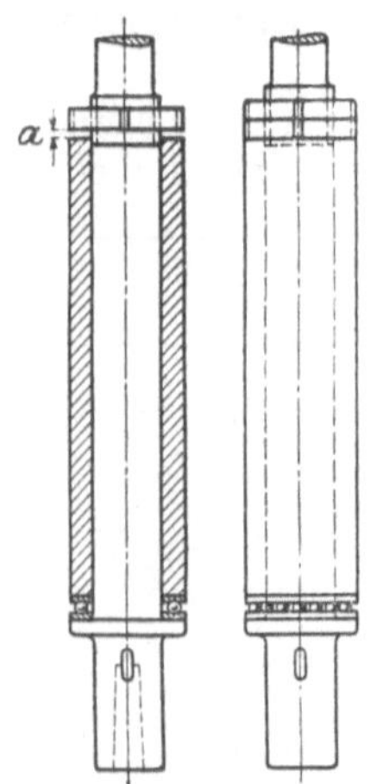

Abb. 55. Bohrspindel mit und ohne toten Gang.

g) *Poröse Stellen, schräge Flächen beim Ansetzen und Durchbrechen* veranlassen den Bohrer, auszuweichen. Der Bruch besonders kleiner Bohrer ist häufig hierauf zurückzuführen (Abb. 56a und b).

h) *Verstopfen der Nuten* (Abb. 56c). Wenn die Lochtiefe größer ist als die Spirallänge, können die Späne nicht aus der Nute austreten, keilen sich in ihr fest und bewirken durch Rückdruck an der Schneide und Reibung an der Lochwand ein so hohes Drehmoment, daß der Bohrer abbricht oder im günstigsten Fall der Kegellappen abreißt.

Verstopfung der Nuten bei dem Bohren von Leichtmetallen (Abb. 57) ist eine Folge von zu hohem Bohrvorschub. Bei der hohen Umdrehungszahl des Bohrers und zu großem Vorschub wird der Werkstoff sehr heiß und weich und verstopft die Nuten. Durch geringen und gleichmäßigen Vorschub des Bohrers kann eine Verstopfung vermieden werden.

i) *Schlechte Spanabfuhr.* Kommen die Späne, besonders bei tiefen Löchern, schlecht aus der Nut heraus, so treten dieselben Erscheinungen wie unter h ein. Treten die Späne, wie dies besonders bei kleinen Bohrern beim Bohren in weichen Werkstoff eintritt, als lange Spiralen aus dem Bohrloch und wickeln sich um den Bohrer, so kann das Kühlwasser nicht mehr an den Bohrer heran. Die Folge ist zu starke Erwärmung, schnelleres Stumpf-werden und Abbrechen. Das kommt besonders häufig bei Mehrspindelmaschinen und beim Bohren mit Bohrbuchse vor.

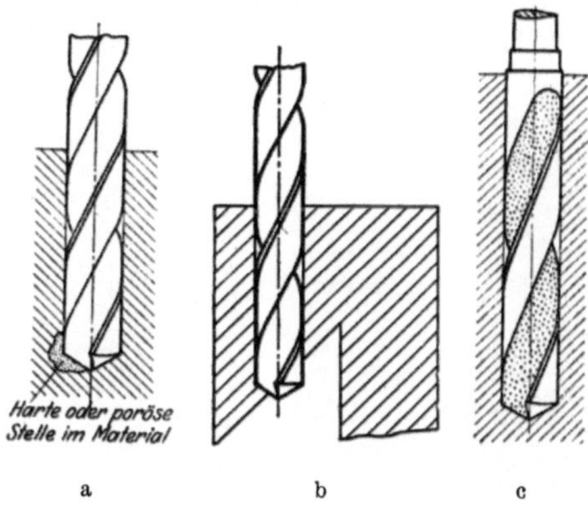

Abb. 56. Bedingungen, unter denen Bohrer leicht brechen.

k) *Werkstoff-* und *Härtefehler.* Wenn der Bohrer Risse und Lunkerstellen

Abb. 57. Festsetzung von Leichtmetall-spänen in den Bohrernuten.

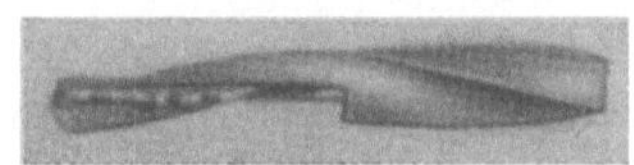

Abb. 58. Aufgerissener Bohrer.

(Abb. 58) hat, oder wenn er nach dem Härten nicht zweckentsprechend angelassen und daher zu spröde ist, bricht er ebenfalls leicht. Daher betrachte man neue Bohrer vor Inbetriebnahme genau.

F. Bohrbarkeit verschiedener Werkstoffe[1].

38. Einfluß des Feingefüges des zu bohrenden Werkstoffes. Von der Werkstoffseite her beeinflußt — scheinbar im Gegensatz zum Drehen [2] — der Gefügeaufbau sehr stark die Lebensdauer der Bohrerschneide. Die Abb. 59a und b zeigen in 100facher Vergrößerung das Feingefüge zweier Stähle von fast genau gleicher Festigkeit (63 kg/mm^2) und Dehnung (20%). Auf dem Stahl *b* mit grobem Ferrit-Perlit-Netz bei lamellarer Ausbildung des Perlits erreichten die gleichen Bohrer bei

---

[1] PATKAY, ST.: Bearbeitbarkeit, Bohrarbeit und Spiralbohrer. Werkst.-Techn. Bd. 22 (1928) S. 677···683; Bd. 23 (1929) S. 3···10, 33···42 (Versuche im Prüffeld für Werkzeugmaschinen der Technischen Hochschule Berlin). — WALLICHS, A.: Werkstattmäßige Prüfung der Spiralbohrer und der Bohrbarkeit von Werkstoffen. Werkst. u. Betrieb Bd. 66 (1933) S. 325···330. — WALLICHS, A. u. W. MENDELSON: Zerspanungsprüfung von Gußeisen und Stahl. Masch.-Bau Bd. 12 (1933) S. 402···404. — WALLICHS, A. u. H. BEUTEL: Spiralbohrer und Zerspanbarkeit von Stahlguß. Ber. betriebswirtsch. Arbeiten Bd. 8 (1932) S. 7. Berlin: VDI-Verlag. — WALLICHS, A. u. W. MENDELSON: Die Bohrbarkeit des Gußeisens. Ber. betriebswirtsch. Arbeiten Bd. 8 (1932) S. 20···21. Berlin: VDI-Verlag. — KLEIN, H.: Die Ausbildung der Spiralbohrerschneiden bei verschiedenen Werkstoffen. Werkst.-Techn. 1937 Heft 7 S. 123. — SCHALLBROCH, H.: Zerspanbarkeit neuzeitlicher Werkstoffe. Masch.-Bau Bd. 12 (1933) S. 237. — WALLICHS, A.: Bohren, Senken und Reiben der Leichtmetalle. Werkst. u. Betrieb Bd. 71 (1938) S. 328···332.

[2] Siehe WALLICHS u. OPITZ: Arch. Eisenhüttenwes. 1930/31 S. 251.

wiederholten Versuchen eine mehr als 10fache Lochzahl wie bei dem durch Vergütung feinkörnigen Stahl *a* mit körnigem Perlit[1].

Im folgenden seien die für die einzelnen Werkstoffe geeigneten Bohrerformen, sowie Richtwerte für Schnittgeschwindigkeiten und Vorschübe unter Berücksichtigung ausreichender Lebensdauer beim Arbeiten in Bohrmaschinen und üblichen Lochtiefen angegeben.

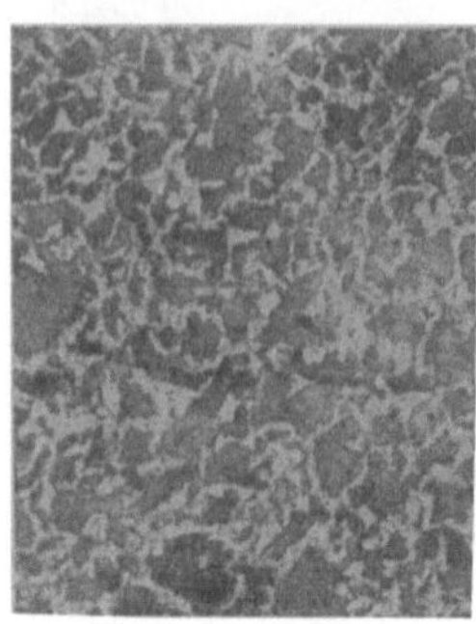
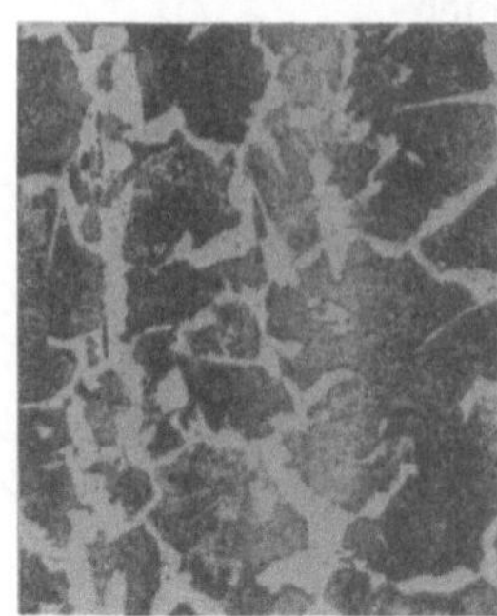

a   b
Abb. 59. Gefüge zweier Stähle gleicher Festigkeit.

39. Bohren von Stahl und Gußeisen. Zur Bearbeitung der verschiedenen Stahlsorten benutzt man den normalen Spiralbohrer mit Spiralsteigungen zwischen 20 und 40°. Die Tab. 4 gibt einen Anhalt *für Schnittgeschwindigkeiten und Vorschübe* in Abhängigkeit vom Bohrerdurchmesser.

Besonders bemerkt sei, daß bei Bearbeitung von Gußeisen die Schnittgeschwindigkeit für Werkzeugstahl- und Schnellstahlbohrer geringer als bei Stahl, die Vorschübe aber höher gewählt werden können. Diese Angaben gelten jedoch nicht für Bohrer mit Hartmetallspitze, da für sie ganz allgemein hohe Schnittgeschwindigkeiten und besonders niedrige Vorschübe in Frage kommen.

Praktische Winke. Bei Stahl von großer Festigkeit und bei Kupfer klemmen die Bohrer oft schon nach dem ersten Nachschleifen, besonders wenn es zu spät vorgenommen wurde, an den Fasen. Das erklärt sich daraus, daß diese Werkstoffe die Fasen hinter der Schneidkante stark abnutzen. Man muß also im allgemeinen etwas mehr als bei Bearbeitung weicherer Werkstoffe nachschleifen, um solche Stellen zu entfernen.

Beim Bohren von *Blechpaketen* benutzt man mit Vorteil Bohrer mit engerem Drall. Dabei tritt folgende Schwierigkeit auf: beim Durchbohren jedes einzelnen Bleches, besonders aber des letzten, gleichen sich die Durchbiegungen zwischen Auslegerarm und den meist in großen Abständen unterstützten Blechen aus. Dadurch hat der Bohrer jedesmal beim Durchbruch einen sehr großen Vorschub zu bewältigen. Dieser Umstand begünstigt die an sich vorhandene Neigung engspiraliger Bohrer, beim Durchbruch das Blech hochzureißen. Um diese Wirkung abzuschwächen, muß der Durchbruch möglichst plötzlich erfolgen und deshalb ist flacher Anschliff (125° Spitzenwinkel), unter Umständen Benutzung von Bohrern mit Zentrumspitze (Abb. 35d) vorteilhaft. Einen neuen Blechbohrer zeigt die Abb. 60. Durch die zurückspringenden Ecken erhält der Bohrer beim Durchbohren eine bessere Führung und bröckelt nicht so leicht aus.

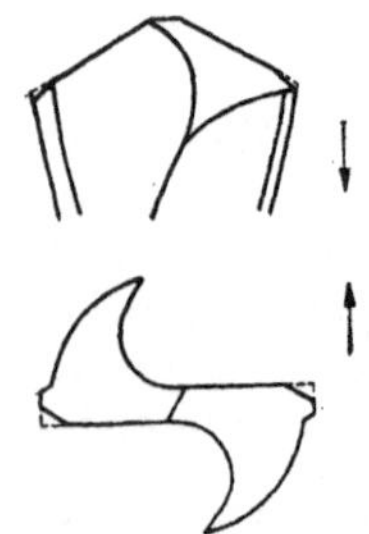

Abb. 60. Blechbohrer mit über die ganze Länge der Spiralnuten zurückspringenden Schneidecken an der Hauptschneide. D.R.P. Nr. 698003, Kl. 49a, Gr. 6001 der Firma R. Stock & Co.

Sonderstähle sind häufig sehr schwierig zu bohren. Manganstahl mit hohem Mangangehalt (etwa 12%) läßt sich mit Schnellbohrern so gut wie gar nicht bearbeiten, wohl dagegen mit Hartmetallbohrern, die mit Schnittgeschwindigkeiten von 10···20 m/min und Vorschüben bis etwa 0,05 mm/U arbeiten. Es empfiehlt sich, trocken zu bohren, da

---

[1] Siehe GRUMBACH u. STOEWER: Stock-Z. 1931 Heft 3/4 S. 58 ff.

Tabelle 4. Richtwerte für Stahl und Gußeisen[1].

Für Bohrer aus	Kühlmittel	Schnittgeschwindigkeit m/min	Werkstoff	Vorschub Drehzahl	1	2	5	8	12	16	25	40	65
					Bohrer Ø in mm — Vorschub und Drehzahl								
Werkzeug-Stahl	Seifenwasser	10···18	Unleg. Baustähle bis 50 kg/mm²	mm/U	0,015	0,03	0,09	0,12	0,16	0,18	0,20	0,22	0,25
				U/min	4000	2000	1000	630	400	315	160	100	36
	Seifenwasser	9···12	Unleg. Baustähle über 50 kg/mm²	mm/U	0,015	0,03	0,08	0,11	0,14	0,16	0,18	0,20	0,22
				U/min	3150	1600	800	500	315	250	125	80	50
	trocken od. reichl. Seifenwasser	8···14	Gußeisen bis 18 kg/mm²	mm/U	0,025	0,06	0,12	0,18	0,22	0,25	0,30	0,35	0,40
				U/min	3150	1600	800	500	315	250	125	80	50
	desgl. oder Petroleum	6···9	Gußeisen über 18 kg/mm²	mm/U	0,012	0,03	0,06	0,10	0,12	0,14	0,16	0,18	0,20
				U/min	2000	1000	500	315	200	160	80	50	32
Schnellstahl	Seifenwasser	25···40	Unleg. Baustähle bis 50 kg/mm²	mm/U	0,015	0,03	0,11	0,16	0,22	0,26	0,3	0,4	0,45
				U/min	8000	4000	2000	1600	1000	800	400	250	125
	Seifenwasser	25···32	Unleg. Baustähle 50···70 kg/mm²	mm/U	0,015	0,03	0,10	0,14	0,18	0,22	0,3	0,4	0,45
				U/min	8000	4000	2000	1250	800	315	200	200	125
	Seifenwasser	20···28	Unleg. Baustähle über 70 kg/mm²	mm/U	0,01	0,025	0,07	0,12	0,16	0,20	0,25	,032	0,35
				U/min	6300	3150	1600	1000	630	500	250	160	100
	Seifenwasser	12···20	Legierte Stähle 70···90 kg/mm²	mm/U	0,008	0,02	0,06	0,10	0,14	0,18	0,22	0,28	0,30
				U/min	4000	2000	1000	800	500	315	200	100	63
	desgl. oder Bohröl	8···14	Legierte Stähle 90···110 kg/mm²	mm/U	0,007	0,01	0,04	0,08	0,12	0,14	0,18	0,23	0,27
				U/min	2500	1250	630	500	315	200	125	63	40
	trocken od. reichl. Seifenwasser	20···35	Gußeisen bis 18 kg/mm²	mm/U	0,025	0,06	0,16	0,25	0,30	0,35	0,45	0,50	0,56
				U/min	6300	4000	2000	1250	800	630	315	160	100
	desgl. oder Petroleum	15···25	Gußeisen über 18 kg/mm²	mm/U	0,012	0,04	0,09	0,14	0,20	0,25	0,18	0,36	0,40
				U/min	5000	3200	1600	1000	630	500	250	125	80
	Seifenwasser	7···12	Rostfreier Stahl V 2a	mm/U	0,006	0,02	0,06	0,10	0,14	0,18	0,22	0,28	0,0
				U/min	2500	1600	800	500	315	250	125	63	4

[1] Nach Angaben der Firma R. Stock, Berlin-Marienfelde.

diese Stähle in dem bei höherer Temperatur vorliegenden Gefügezustand günstiger bearbeitbar sind.

Federstahl und nichtrostende Stähle (V2A usw.) lassen sich mit normalen Bohrern großer Durchmesser gut bearbeiten, bei geringen Durchmessern sind Sonderbohrer vorteilhafter. Unter 2 mm Ø kurze Bohrer verwenden.

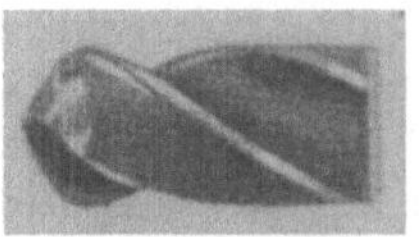

Abb. 61. Sonderanschliff für das Bohren von Gußeisen.

Tabelle 5. Richtwerte für Messing[1].

Für Bohrer aus	Kühlmittel	Schnittgeschwindigkeit m/min	Werkstoff	Vorschub und Drehzahl	Bohrer Ø in mm								
					1	2	5	8	12	16	25	40	63
					Vorschub und Drehzahl								
Werkzeug Stahl	trocken oder Seifenwasser	bis 80	Schrauben-Messing (spröde)	mm/U	0,03	0,07	0,14	0,20	0,25	0,30	0,38	0,45	0,50
				U/min	10000	8000	4000	3150	2000	1600	800	500	315
	Seifenwasser	18···30	Zähes Messing	mm/U	0,015	0,03	0,08	0,11	0,14	0,16	0,18	0,20	0,22
				U/min	6300	3150	1250	1000	630	500	250	160	100
Schnell-Stahl	trocken oder Seifenwasser	bis 120	Schrauben-Messing (spröde)	mm/U	0,03	0,07	0,16	0,25	0,32	0,40	0,50	0,63	0,71
				U/min	12500	10000	6300	5000	3150	2500	1250	630	400
	Seifenwasser	bis 60	Zähes Messing	mm/U	0,02	0,04	0,10	0,14	0,18	0,22	0,30	0,40	0,45
				U/min	8000	6300	2500	2000	1250	1000	500	315	200

Tabelle 6. Richtwerte für Kupfer, Rotguß, Bronze[1].

Für Bohrer aus	Kühlmittel	Schnittgeschwindigkeit m/min	Werkstoff	Vorschub und Drehzahl	Bohrer Ø in mm								
					1	2	5	8	12	16	25	40	63
					Vorschub und Drehzahl								
Werkz.-Stahl	Seifenwasser	15···25	Kupfer Rotguß	mm/U	0,015	0,03	0,09	0,12	0,16	0,18	0,22	0,22	0,25
				U/min	5000	2500	1000	800	500	400	200	125	80
Schnell-Stahl	Seifenwasser	bis 70	Kupfer, Rotguß Bronze	mm/U	0,02	0,04	0,12	0,16	0,22	0,25	0,30	0,40	0,45
				U/min	8000	6300	2500	2000	1250	1000	500	315	200

Tabelle 7. Richtwerte für Leichtmetalle.

Für Bohrer aus	Kühlmittel	Schnittgeschwindigkeit m/min	Werkstoff	Vorschub und Drehzahl	Bohrer Ø in mm								
					1	2	5	8	12	16	25	40	63
					Vorschub und Drehzahl								
Werkzeug-Stahl	Seifenwasser (Elektrontrocken)	bis 80	Leichtmetalle	mm/U	0,02	0,04	0,10	0,14	0,18	0,20	0,22	0,25	0,28
				mm/U	0,03	0,07	0,14	0,20	0,28	0,30	0,36	0,40	0,45
				U/min	10000	8000	4000	3150	2000	1600	800	500	315
Schnell-Stahl	Seifenwasser	bis 120	Zähe Leichtmetalle	mm/U	0,02	0,05	0,14	0,20	0,25	0,32	0,40	0,45	0,50
				U/min	10000	8000	6300	5000	3150	2500	1250	630	440
	desgl. oder Petroleum	bis 160	Ausgehärtete Leichtmetalle	mm/U	0,02	0,06	0,16	0,25	0,32	0,40	0,50	0,63	0,71
				U/min	12500	10000	8000	6300	4000	3150	1600	800	500
	trocken	bis 200	Magnesium-Legierungen	mm/U	0,025	0,07	0,20	0,30	0,40	0,50	0,63	0,71	0,80
				U/min	12500	10000	8000	6300	5000	4000	2000	1000	630

[1] Nach Angaben der Firma R. Stock & Co.

Beim Bohren von *Gußeisen* kann die Standzeit der Bohrer durch einen Sonderanschliff der Spitze Abb. 61 bedeutend erhöht werden. Der Spitzenwinkel beträgt wie bei den normalen Bohrern 116···120°, doch werden die Kanten an den äußeren Ecken gebrochen, indem sie unter einem Winkel von 70···80° auf etwa $^1/_3$ der Schneidlippenlänge weggeschliffen werden.

40. Messing ist je nach der Legierung und dem Verarbeitungszustand (gezogen, gepreßt oder gegossen) verschieden zu bohren. Kleine Bohrer müssen für das

Bohren von Ms 58, Ms 60 und allen gegossenen Messingsorten schlanken Drall besitzen. Bei größeren Abmessungen kann man vorteilhaft auch die normalen Spiralsteigungen anwenden (Abb. 62). Geeignete Schnittgeschwindigkeiten und Vorschübe gehen aus der vorstehenden Tab. 5 hervor.

41. Kupfer läßt sich mit Bohrern mit engem Drall (Al-Cu-Bohrer) gut bearbeiten. Beim Bohren tiefer Löcher darf jedoch die Spiralsteigung wegen der Herausschaffung der Späne nicht zu eng gewählt werden. Wirtschaftliche Schnittgeschwindigkeiten und Vorschübe zeigt die Tab. 6 (Spitzenwinkel 120···125°).

42. Leichtmetalle lassen sich besonders gut mit Bohrern mit etwa 45° Spiralsteigung bearbeiten (Abb. 63). Die Abstumpfung der Werkzeuge spielt hier nur bei Silumin und verwandten Legierungen eine Rolle. Bei allen anderen Leichtmetallen können hohe Schnittgeschwindigkeiten angewandt werden (Tab. 7).

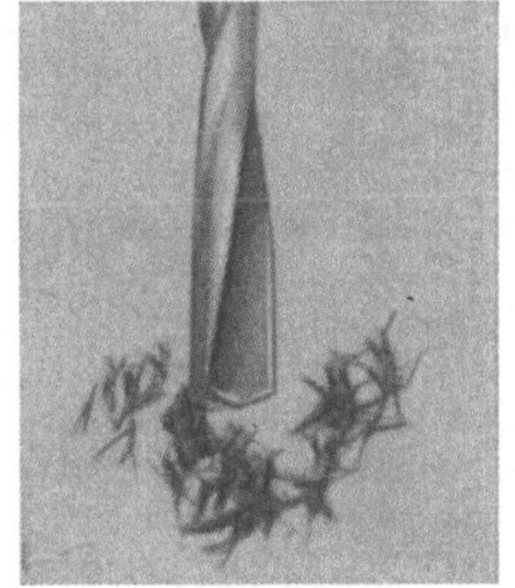

Abb. 62. Spanbildung bei verschiedenen Messingsorten.
a Späne von Ms 58. Bohrer mit schlanker Spirale (Spitzenwinkel 130°).
b Späne von Ms 63. Bohrer mit gewöhnlicher Spirale.

Beim Arbeiten mit Bohrern mit engem Drall sei nochmals auf die Notwendigkeit eines flachen Spitzenanschliffes (etwa 140°) hingewiesen. Zum Bohren dünner Leichtmetallbleche sind wegen des Hochreißens Bohrer schlankerer Spirale zu empfehlen.

Die zum Bohren von *Elektron* geeigneten Spiralsteigungen (γ in Abb. 24) werden sehr verschieden angegeben. Die Arbeitsgüte, d. h. die Glätte des gebohrten Loches, ist bei Bohrern mit schlanker Spirale größer, besonders wenn es sich um Bohrer großen Durchmessers handelt. Dagegen sind die auftretenden Drehmomente und Axialdrücke bei der Spiralsteigung von 45° (also auch Spanwinkel $\gamma = 45$) bedeutend geringer als bei weitem Drall (Abb. 64). Ein Bohrer von 3 mm $\varnothing$, der ein Loch von 10 d = 30 mm Tiefe bohren soll, er-

Abb. 63. Sonderbohrer für Leichtmetalle, Pertinax, Vulkanfiber, Kupfer, Tombak. Spiralsteigung etwa 45°; Spitzenwinkel: für Leichtmetalle 140°, für Pertinax, Fiber, Zelluloid usw. 100°, für Kupfer und Tombak 120...185°.

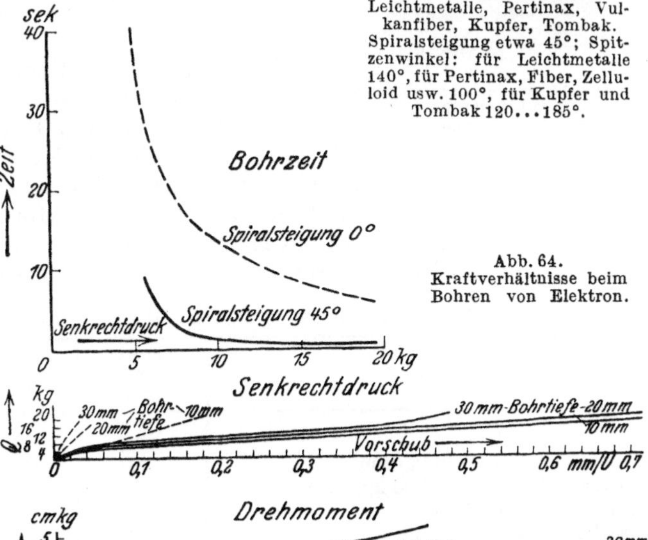

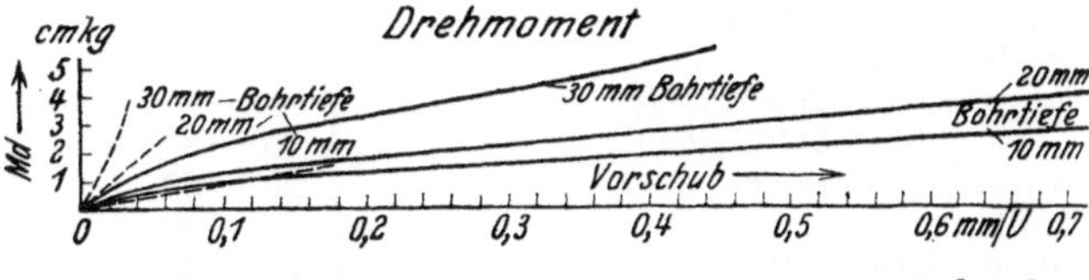

Abb. 64. Kraftverhältnisse beim Bohren von Elektron.

reicht mit 45° Spiralsteigung unter einem Axialdruck von etwa 20 kg einen anfänglichen Vorschub von 0,8 mm/U,der allmählich auf 0,5 mm zurückgeht. Ein
Bohrer mit 0° Spiralsteigung hat unter gleicher Belastung anfänglich einen Vorschub von 0,2 mm und geht bei 30 mm Bohrtiefe auf etwa 0,02 mm zurück, d. h.
er bleibt praktisoh stecken. Man erreicht also bei kleinen Durchmessern mit engem
Drall ganz bedeutend günstigere Bohrzeiten. Größere Löcher (über etwa 15 mm)
möge man wegen der Sauberkeit des Loches mit schlanker genuteten Bohrern
herstellen. Die Sauberkeit der mit engspiraligen Bohrern gebohrten Löcher wird
durch einen Spitzenanschliff von 100° und besonders durch Anschliffe mit Zentrumspitze bedeutend verbessert.

43. Sonstige Werkstoffe. Gepreßte und geleimte Isolierstoffe lassen sich zumeist
mit den für Leichtmetalle günstigen Spiralsteigungen (Abb. 63) bearbeiten, während Hartgummi und hartgummiähnliche Stoffe eine schlanke Spirale erfordern
(Abb. 65 und 66). Werkstoffe gleicher Bezeichnung lassen sich sehr oft ganz verschieden bohren. Zelluloid muß z. B. mitunter mit Bohrern mit weitem Drall,

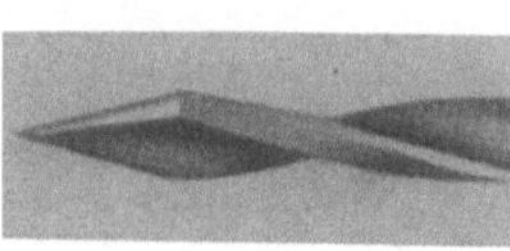

Abb. 65. Sonderbohrer für Hartgummi und dünne Preßstoffteile. Spitzenwinkel 30°.

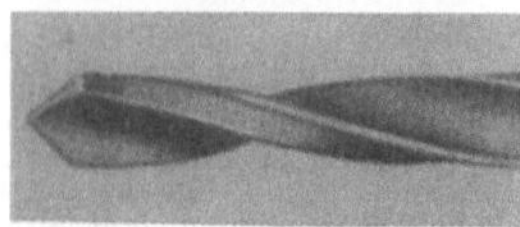

Abb. 66. Sonderbohrer für Marmor, Trolit, Galalith. Spitzenwinkel: für Marmor 80°, für Trolit und Galalith 50···60°.

Tabelle 8. Schnittgeschwindigkeit für Isolierstoffe u. dgl.

Werkstoff	Bohrerform	Schnittgeschwindigkeit in m/min für	
		Werkzeugstahlbohrer	Schnellstahlbohrer
Hartgummi . .	weiter Drall	20···30	30···50
Trolit, Ebonit. .	,, ,,	20···30	30···50
Novotext . . .	,, ,,	8···12	20···30
Galalit	,, ,,	8···12	bis 20
Pertinax	enger ,,	10···20	20···30
Wahnerit . . .	,, ,,	20	30···50
Vulkan-Fiber · ·	,, ,,	50···100	bis 200

häufig wieder mit Bohrern mit besonders engem Drall bearbeitet werden. Zum Bohren von Isolierstoffen kann man zum Teil hohe Schnittgeschwindigkeiten anwenden (s. Tab. 8). Häufig ergibt sich aber
ein ziemlich starker Verschleiß nicht nur der Bohrerecken, sondern auch der Fasen.
Aus diesem Grunde, und weil die auftretenden Kräfte klein sind, haben sich als
besonders vorteilhaft Bohrer mit Hartmetallspitze erwiesen. Solche Bohrer können
bis zum kleinsten Durchmesser von etwa 1 mm hergestellt werden.

Tabelle 9[1]. Richtwerte für Hartmetallschneiden.

Werkstoff	Schnittgeschwind. m/min.	Vorschub mm/U		Kühlmittel
		bei 10 mm Durchm.	bei 20 mm Durchm.	
	etwa	bis	bis	
Chromnickelstahl 140 kg/mm²	30	0,05	0,08	Bohrwasser
Werkzeugstahl 180···200 kg/mm² . . .	10	0,03	0,06	Bohrwasser
Manganhartstahl 12%	20	0,03	0,06	Trocken
Kokillenhartguß	7	0,04	0,08	Bohrwasser
Grauguß: bis 200 Brinell	75···125	0,15	0,30	Trocken
über 200 Brinell	60···80	0,10	0,25	Trocken
Kararischer Marmor	20···30	0,08	0,15	Wasser
Granit	6···10	0,02	0,05	Wasser
Glas mit Dreikantbohrer	20···30	0,04	0,05	Terpentin
Porzellan je nach Härte	10···20	0,01···0,03	0,02···0,05	Terpentin
Isoliermaterialien	200	0,30	0,50	Trocken

[1] Nach Angaben der Firma R. Stock, Berlin-Marienfelde.

Glas, Porzellan, Marmor, Granit, Beton, Mauersteine, Isolierstoffe, Hartgummi, Trolit, Pertinax, ferner gehärteter Werkzeugstahl, Chromnickelstahl von hoher Festigkeit, Manganstahl und Hartguß werden vorteilhaft stets mit Bohrern mit Hartmetallschneiden gebohrt. Die Abb. 67 bis 71 zeigen einige Ausführungen solcher Bohrer. Beim Bohren mit diesen Bohrern ist auf senkrechte Führung zu achten, außerdem muß beim Durchbohren vorsichtig gebohrt werden, da sonst die Bohrerspitze leicht einhakt und abbricht. Richtwerte für Bohrer mit Hartmetallschneiden gehen aus der Tab. 9 hervor.

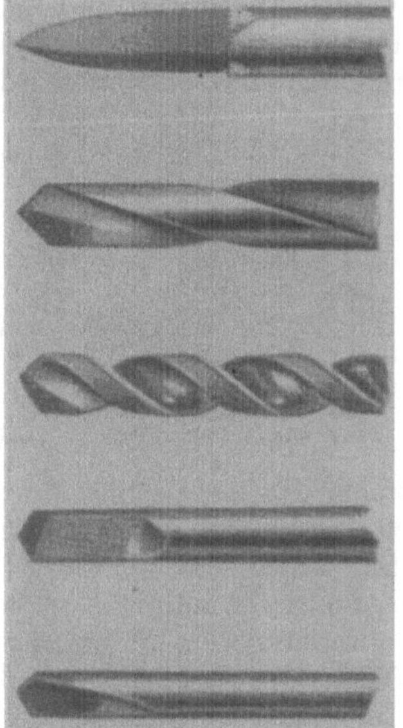

Abb. 67. Dreikantbohrer mit Hartmetallschneiden.

Abb. 68. Steinbohrer mit Hartmetallschneiden.

Abb. 69. Spiralbohrer mit Hartmetallschneiden.

Abb. 70. Spitzbohrer mit Hartmetallschneiden.

Abb. 71. Blechbohrer mit Hartmetallschneiden.

44. Bohren kleiner Löcher unter 1 mm $\varnothing$. Für die kleinen Bohrer unter 1 mm kommen für alle Werkstoffe wesentlich niedrigere Schnittgeschwindigkeiten in Frage als für die größeren Bohrer, sowohl wegen des Werkzeuges als auch wegen der Maschinen, die so hohe Umlaufzahlen nicht hergeben. Mit Rücksicht hierauf sind in der Tab. 10 die Umlaufzahlen angegeben. Abweichungen von diesen Richtwerten können durch besondere Umstände bedingt sein.

Tabelle 10. Umlaufzahlen für Bohrer unter 1 mm $\varnothing$.

Werkstoff	Bohrerdurchmesser mm			
	0,1···0,2	0,25···0,35	0,4···0,6	0,8···0,9
	Umlaufzahlen je Minute			
Stahl und Gußeisen	500···1000	4000···6000	6000···8000	6000···8000
Messing und Bronze	500···1000	4000···6000	8000···12000	8000···12000
Kupfer	500···1000	4000···6000	4000···6000	6000···8000
Aluminium, Silumin usw.	800···1000	4000···6000	8000···12000	8000···12000
Hartgummi	1500···2000	6000···8000	8000···12000	8000···12000

Die Vorschübe (Tab. 11) sind mit Rücksicht auf die Widerstandsfähigkeit der Bohrer um so geringer gewählt, je kleiner der Bohrerdurchmesser ist.

Tabelle 11. Vorschübe für Bohrer unter 1 mm $\varnothing$.

Bohrerdurchm. mm	0,1	0,2	0,25	0,3	0,4	0,5	0,6	0,7	0,8	0,9
Vorschub mm/U	nach Gefühl	nach Gefühl	0,001	0,001	0,0015	0,0015	0,002	0,003	0,01	0,02

G. Instandhaltung der Spiralbohrer.

Neben der sachgemäßen Behandlung ist für hohe Bohrleistungen gute Instandhaltung der Spiralbohrer Vorbedingung. Von besonderer Wichtigkeit ist richtiger und gleichmäßiger Anschliff des Bohrers. Es ist infolgedessen notwendig, die Bohrer nicht von Hand, sondern maschinell zu schleifen.

45. Spitzenschleifmaschinen. Die Erfordernisse einer guten Spitzenschleifmaschine sind:

1. Richtige Ausbildung der Freifläche, besonders die Einhaltung des Freiwinkels und des Querschneidenwinkels (s. Tabelle 3, S. 17).

2. Zentrische Lage des Anschliffes.

3. Geringe Kosten eines Anschliffes, d. h. hohe Leistung der Maschine.

Die erste Forderung wird auf verschiedene Weise bei den vorhandenen Konstruktionen erfüllt. Die drei Schleifprinzipien wurden bereits im Abschnitt 14, S. 14 bis 16 eingehend erörtert.

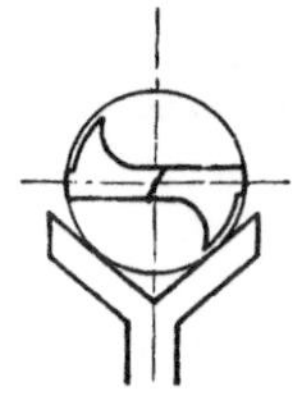

Abb. 72. Spannen in einem Prisma.

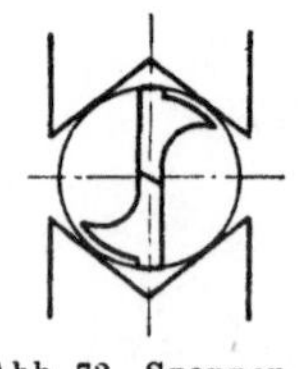

Abb. 73. Spannen in zwei Prismen (Zange oder Futter).

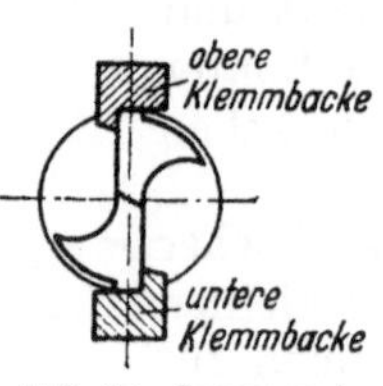

Abb. 74. Spannen in zwei Klemmbacken.

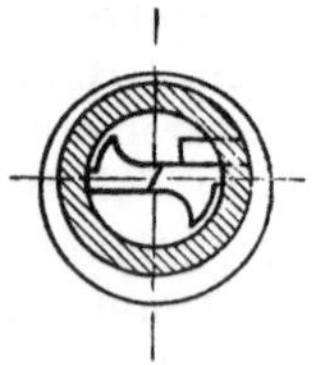

Abb. 75. Spannen in einer Buchse.

Am stärksten hat sich der Kegelschliff durchgesetzt. Die zentrische Lage des Anschliffes wird durch die Art der Aufnahme des Bohrers bedingt. Die drei Möglichkeiten der Aufnahme sind:

1. Lagerung in einem oder Spannung durch zwei Prismen (Zange) (Abb. 72 u. 73).

2. Spannen des Bohrers auf den Fasen in zwei Klemmbacken (Abb. 74).

3. Lagerung des Bohrers in einer Buchse, die Anschläge für die Verschiebung in axialer Richtung und gegen Verdrehung besitzt (Abb. 75).

Abb. 76. Spiralbohrer-Spitzenschleifmaschine. (Julius Ortlieb, Eßlingen.)

Spannung in einem Prisma ist nur genau, wenn der Bohrer genau gerade ist; auch ist es notwendig, daß der Bohrer mit der Länge einer ganzen Spiralwindung auf dem Prisma aufliegt. Kurze Bohrer lassen sich daher schlecht im Prisma schleifen.

Das Spannen in zwei Prismen, Spannfutter oder Spannzange wird bei Maschinen nach Abb. 76 angewandt. Die Rundlaufgenauigkeit kann bei guter Herstellung der Spannwerkzeuge, besonders bei Spannzangen, bis 0,005 mm betragen.

Spannen in Klemmbacken bietet eine sichere Lage des Bohrers, seine Achse kann dabei nicht verändert werden. Der Bohrer muß jedoch nach jedesmaligem Schleifen einer Bohrerlippe gelöst und um 180° gedreht und wieder festgespannt werden.

Zwei untereinander verschiedene Konstruktionen sind bei Prisma- und Klemmbackenspannung zu unterscheiden. Im ersten Falle ist die Spannvorrichtung in einem drehbaren Kopf gelagert, so daß der Bohrer nach Fertigschleifen der einen Bohrerlippe nicht umgespannt zu werden braucht (Abb. 76 und 81). Bei der zweiten Art ist auf einen solchen drehbaren Kopf verzichtet: die Klemmbacken bleiben in in ihrer Lage, infolgedessen muß beim Schleifen der zweiten Lippe der Bohrer umgespannt werden (Abb. 77 und 78). Das Spannen in Klemmbacken ist besonders für größere Bohrer geeignet. Bei kleineren Bohrern wird häufig die Prismaspannzange und das Schleifen in Buchsen angewendet (Abb. 79).

Gegen Verschiebung in axialer Richtung wird der Bohrer sowohl bei Prisma- wie bei Zangenspannung in einer Spitze oder einem Kegel aufgenommen.

Die Leistungsfähigkeit einer Spitzenschleifmaschine hängt u. a. von der Wahl der richtigen Schleifscheibe ab. Größere Bohrer werden häufig an der Stirnseite einer Topfscheibe geschliffen, wobei es vorteilhaft ist, die Scheibe vor dem Bohrer hin und her zu schwenken, damit sie gleichmäßig über die ganze Breite abgenutzt

Abb. 77. Spiralbohrer-Spitzenschleifmaschine für Bohrerdurchmesser von 10 bis 75 mm. (R. Stock & Co.)
a Verstellung für den Spitzenwinkel.

Abb. 78. Spiralbohrer-Spitzenschleifmaschine mit selbsttätiger Bohrerschwenkung für Bohrer von 10 bis 75mm. (Rohde & Dörrenberg.)

wird. Auch wird die Schleifleistung bei großen Bohrern durch Wasserkühlung bedeutend erhöht, ohne daß die Schneiden Gefahr laufen, auszuglühen.

Wird der Bohrer von Hand zugestellt und die Scheibe von Hand geschwenkt, so kann der Arbeiter den Span so groß wählen, wie es entsprechend der Schleifwirkung irgend möglich ist. Er kann zunächst mit großen Zustellungen vorschruppen, um dann zuletzt einen feinen Span zu nehmen. Die Spanzustellung sowie die Scheibenschwenkbewegung kann er nach Gefühl regeln und jedem Bohrerdurchmesser anpassen.

Bei den automatisch arbeitenden Maschinen ist die Spanzustellung von Anfang bis Ende eine gleichmäßige. Die Schleifzeit wird dadurch verlängert, besonders, wenn viel abgeschliffen werden muß. Um dafür einen Ausgleich zu schaffen, kann eine andere Schleifmaschine mitbedient werden. Für den Arbeiter ist es jedoch eine Erleichterung, da er die Schwenkbewegungen nicht auszuführen braucht.

Abb. 79. Spiralbohrer-Spitzenschleifmaschine für kleine Bohrer. (R. Stock & Co., Berlin.)

46. Arbeitsweise der Spitzenschleifmaschinen. Die Spitzenschleifmaschinen Abb. 77 und 78 greifen den Bohrer zwischen zwei in ihrem Abstand verstellbaren Spannbacken und stützen ihn nach hinten gegen eine Spitze ab, so daß der Bohrer in drei Punkten festliegt.

Die ganze Haltevorrichtung wird um eine Achse geschwenkt, wobei der Bohrer auf der Schleifscheibe vorbeistreicht, so daß die angeschliffene Fläche ein Teil eines Kegelmantels wird [1]. Der Spiralbohrer berührt die Schleifscheibe nur in der Waagerechten, die damit die Erzeugende der Freifläche des Bohrers ist.

---

[1] Über ältere Bauarten siehe A. WALLICHS u. C. BARTH: Werkst.-Techn. 1911 S. 615. — Neuere Bauarten siehe V. JERECZEK: Stock-Z. 1929 Heft 4 u. 5. — GRATHWOHL, A.: Werkst.-

Es wird zunächst eine Lippe geschliffen, dann wird in Achsenrichtung ein Anschlag festgestellt, der Bohrer aus dem Bereich der Schleifscheibe gebracht, um 180° gedreht und zum Anschliff der zweiten Schleiflippe vorgeschoben. Der Anschlag sichert einen symmetrischen Anschliff.

Die Schleifbewegung der Schleifscheibe wird durch ein Flüssigkeitsgetriebe ausgeführt. Hierdurch läßt sich der Schwenkhub in beliebiger Größe einstellen, die Stelle, an der die Schwenkbewegung ausgeführt wird, verändern und die Schleifscheibe beim Umspannen des Bohrers schnell aus der Arbeitsstellung und wieder in diese zurückschwenken. Der Bohrer wird bei der Maschine Abb. 77 beim Schleifvorgang von Hand geschwenkt [1]. Bei der Maschine Abb. 78 erfolgt außer der Pendelbewegung der Schleifscheibe auch die Schwenkbewegung des Bohrers hydraulisch.

Auf der Maschine nach Abb. 76 können alle Arten von Spiralbohrern von 0 bis 15 mm ⌀ mit einem Spitzenwinkel von 50···140° und außerdem rechte und linke Bohrer geschliffen werden.

Der Verwendungsbereich ist daher ein sehr vielseitiger. Die Bohrer werden in einer Spannzange festgespannt. Ein verschiebbarer Anschlag gibt dabei die richtige Lage und Stellung zur Schleifscheibe. Das Schleifen erfolgt in folgender Weise: Die Bohreraufnahme wird in die Schleifstellung gebracht und abwechslungsweise durch dieselbe um 180° die beiden Bohrerschneiden geschliffen. Während des Schleifvorganges erfolgt die Zustellung nicht mit der Supportspindel, sondern durch Auslösen der halbautomatischen Zustellung, mit Hilfe eines schwenkbaren Hebels.

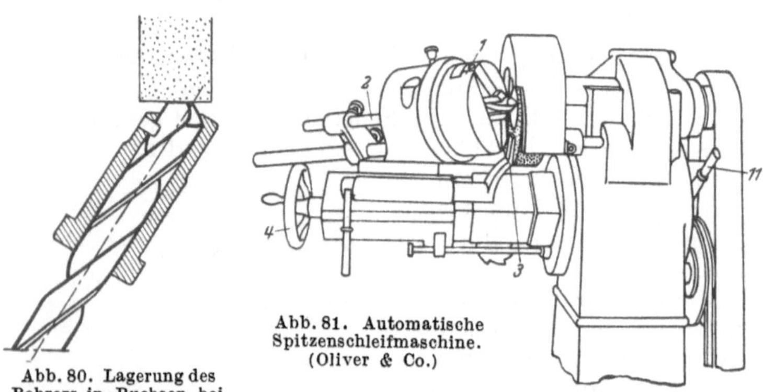

Abb. 80. Lagerung des Bohrers in Buchsen bei der Maschine Abb. 79.

Abb. 81. Automatische Spitzenschleifmaschine. (Oliver & Co.)

Das Schleifen kleiner Bohrer wird auch in Buchsen Abb. 80 vorgenommen, und zwar bei der Maschine Abb.79. Sie besitzt einen Exzenter im Schleifsupport, durch den zunächst der Span angestellt wird. Sind nach mehrmaligem Drehen des Bohrers die Lippen scharf geschliffen, so wird durch Zurückstellen des Exzenters die Spananstellung rückgängig gemacht, wodurch der Bohrer um das Maß, um das die Bohrerspitze exzentrisch geschliffen wird, zurückgestellt wird. Hierdurch wird der Anschliff zentrisch, und beim Umstecken des Bohrers um 180° dürfen die Lippen an der Schleifscheibe nicht mehr schleifen. Dadurch kann gleichzeitig die zentrische Lage des Anschliffes kontrolliert werden. Auf der Maschine können Bohrer bis 13 mm ⌀ mit einem Spitzenwinkel von 100 bis 140° geschliffen werden.

Vertreter der vollautomatischen Konstruktion sind die Maschinen von Schmalz und Maier & Schmidt [2]. Eine auf ähnlicher Grundlage beruhende neuere Konstruktion ist die Schleifmaschine Abb. 81. Sie dient zum Anschleifen des bereits er-

Techn. 1929 S. 113. — WALLICHS, A. u. W. MENDELSON: Wirtschaftliches Bohren durch richtigen Anschliff. Werkst.-Techn. 1937 S. 97···103.
[1] Siehe Stock-Z. 1929 Heft 4/5 S. 74.
[2] Siehe Werkst.-Techn. 1911 S. 686 ff.

wähnten Anschliffes mit hohl ausgeschliffener Mittelschneide. Der Bohrer wird in ein Spannfutter mit zwei prismenförmigen Backen gespannt und mit einer Gegenspitze gehalten. Das Spannfutter wird in Abhängigkeit von der Schleifscheibenbewegung gedreht. Die Schleifachse bewegt sich in axialer Richtung auf den Bohrer zu und führt gleichzeitig eine Planetenbewegung aus. In der Anfangsstellung schleift sie über die ganze Breite der Bohrerschneide (Abb. 82 a). In der Endstellung ragt die Bohrerspitze über die Schleifscheibe hinaus, so daß die Querschneide nicht in demselben Maße tiefer geschliffen wird wie die übrige Freifläche (Abb. 82 b). Die Maschine nimmt dem Arbeiter sowohl die Schwenkbewegung der Scheibe als auch die Drehbewegung des Bohrers und überläßt ihm nur die Zustellung. Schleifgeschwindigkeit und Drehbewegung bleiben immer gleich.

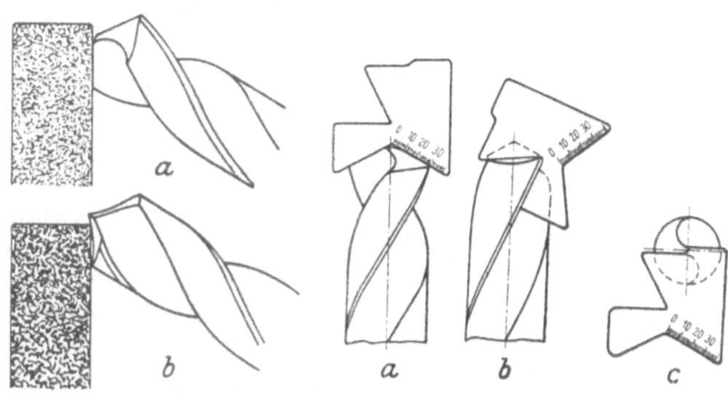

Abb. 82 a/b. Arbeitsweise der Oliver-Maschine.

Abb. 83. Blechlehren für den Spitzenanschliff.

47. Geräte zum Prüfen des Spitzenanschliffes. Für den gewöhnlichen Werkstattgebrauch genügen *Blechlehren* (Abb. 83 a bis c), mit denen man den Spitzenwinkel, die Länge der Schneide, den Freiwinkel und den Querschneidenwinkel auf ihre Richtigkeit prüfen kann.

Zur Untersuchung des *zentrischen Anschliffes* hat sich die Lehre (Abb. 84) bewährt: Der Bohrer wird in ein Prisma eingelegt und gegen das am Ende der Lehre befindliche Dach geschoben. Abweichungen des Spitzenwinkels von der

Abb. 84. Lehre für den Spitzenschliff.

Abb. 85. Freiwinkel-Meßmaschine. (R. Stock & Co., Berlin.)

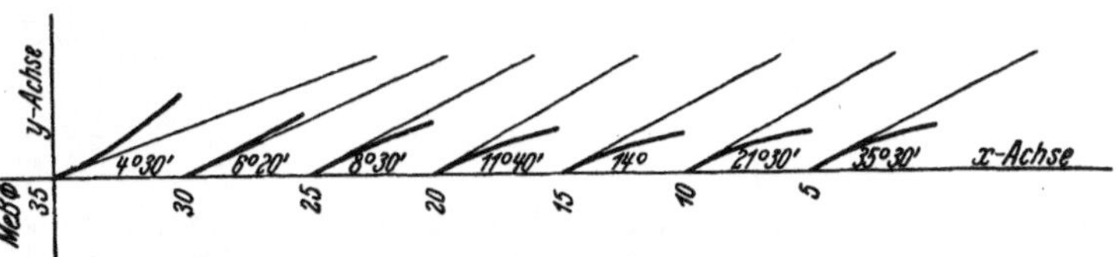

Abb. 86. Freiwinkel, gemessen mit der Maschine Abb. 85.

zentrischen Lage sind durch den entstehenden Lichtspalt erkennbar.

Höheren Ansprüchen dient die *Freiwinkel-Meßmaschine* [1] Abb. 85. Sie mißt mit einem Taststift die Freiwinkel auf konzentrisch zur Bohrerachse liegenden zylindrischen Schnitten. Mit Hilfe eines Schreibwerkes wird die vom Taststift

---

[1] Gebaut von R. Stock & Co. (Patent von Professor Dr.-Ing. Schlesinger.)

beschriebene Kurve auf einer Trommel aufgezeichnet. Durch Anlegung der Tangenten lassen sich die Freiwinkel bestimmen (Abb. 86).

Einen einfacheren, aber sehr genau arbeitenden Prüfapparat [1] zeigt Abb. 87. Der Bohrer liegt in einem Prisma. Seine Verschiebbarkeit in axialer Richtung ist durch einen Bock begrenzt. Auf den Kegel wird eine kegelige Buchse mit daran angebauter Skala aufgeschoben. Mit Hilfe eines feststehenden Zeigers kann man an der Skala feststellen, um wieviel Grad der Bohrer gedreht wird. Gegen die Freifläche legt sich der Stift einer Meßuhr. Dreht man den Bohrer um eine bestimmte Gradzahl, so zeigt die Meßuhr an, um wieviel mm die Freifläche gegenüber der Schneidkante abfällt. Hieraus läßt sich der Freiwinkel berechnen. Gleichzeitig kann man mit großer Genauig-

Abb. 87. Freiwinkel-Meßapparat.

keit feststellen, ob entsprechende Punkte der Schneiden gleich hoch liegen.

Zur genaueren Bestimmung der Winkel bei kleinen Bohrern sind diese Einrichtungen nicht geeignet. Hier empfiehlt sich die Verwendung eines Mikroskopes mit Fadenkreuz. Die Bohrer werden mit Kitt auf der Spannplatte des Mikroskopes befestigt. Querschneidenwinkel und Freiwinkel am Umfang können dann auf einfache Weise sehr genau ermittelt werden.

48. Ausspitzmaschinen. Das Ausspitzen der Bohrer hat eine bedeutende Verringe-
rung des Axialdruckes zur Folge. Es geschieht häufig von Hand. Hierbei ist es jedoch schwer, die Ausspitzung auf beiden Seiten gleichmäßig zu halten. Auch hängt von der Art der Ausspitzung das Maß der Verringerung des Axialdruckes wesentlich ab. Man kann in Vorrichtungen ausspitzen, die an einer Reihe von Spitzenschleifmaschinen angebracht sind. Die meisten dieser Einrichtungen sind primitiv. *Besondere Maschinen zum Ausspitzen* [2] bauen R. Stock u. Co. (Abb. 88) und Rohde u. Dörrenberg (Abb. 89). Der Bohrer wird

Abb. 88. Spiralbohrer-
Ausspitzmaschine.
(R. Stock & Co., Berlin.)

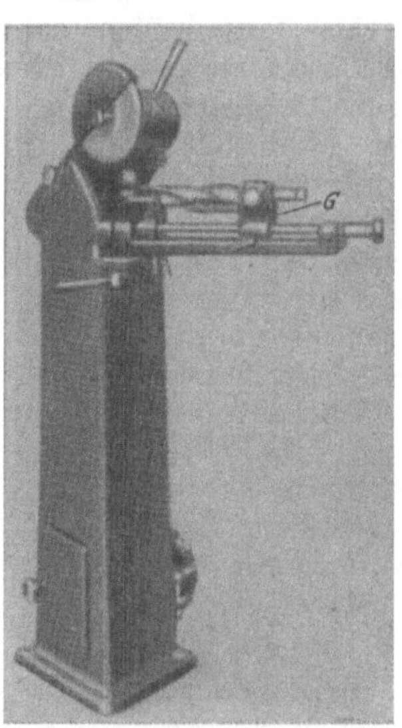

Abb. 89. Spiralbohrer-Ausspitz-
maschine. (Rohde & Dörrenberg
Düsseldorf.)

---

[1] Nach Boston und Oxford, Trans. Amer. Soc. mech. Engr. Bd. 52 (1930) Nr. 3 S. 5.
[2] Über verschiedene Ausspitzungen s. S. A. WALLICHS u. W. MENDELSON: Werkst.-Techn. 1937 S. 101···102.

bei der Maschine Abb. 88 mit zwei Klemmbacken an den Fasen gefaßt und durch eine Spitze gestützt. Auch hier ist der Grundsatz: Schleifen auf Umschlag, um Ungenauigkeiten auszuschalten. Die Maschine besitzt Verstellungen, die eine Veränderung des Spanwinkels, der Länge und Tiefe der Ausspitzung gestatten. Man kann also entweder die Maschine nach der Tabelle einstellen oder aber nach eigenen Erfahrungen ausspitzen.

Bei der Maschine Abb. 89 wird der Bohrer von einer Kegelhülse oder einem Bohrfutter gehalten. Die Hülse oder das Futter ruhen fest in einem Halter, der in einer Gabel liegt. Hierdurch ist die Gewähr vorhanden, daß der Bohrer genau um 180° geschwenkt wird. Die Schleifscheibe wird entgegengesetzt der Maschine Abb. 88 durch Schwenken dem Bohrer zugeführt. Mit beiden Maschinen lassen sich verschiedene Zuspitzungen erzielen[1].

H. Instandsetzung gebrochener Bohrer.

Häufig kommt es vor, daß Bohrer im Drall brechen, oder daß vom kegeligen Schaft der Mitnehmerlappen abreißt infolge schlechten Sitzes des Kegels in der Hülse. Man wird versuchen, diese Bohrer wieder instandzusetzen.

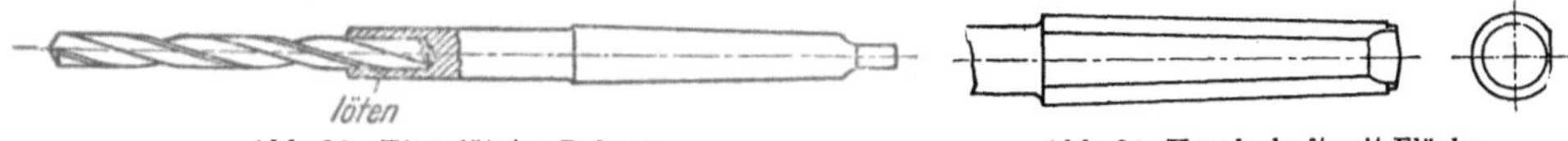

Abb. 90. Eingelöteter Bohrer.   Abb. 91. Kegelschaft mit Fläche.

49. Bohrer, die im Drall abgebrochen sind. Der abgebrochene Teil kleiner Bohrer wird in einen zylindrischen oder kegeligen Schaft hart (mit einer Stichflamme) eingelötet (Abb. 90), wobei darauf zu achten ist, daß der Bohrer hinterher auch rundläuft. Bei sehr kleinen Bohrern lohnt sich die Instandsetzung jedoch nicht, da sie zu teuer wird.

Bei größeren Bohrern kann man, wenn eine elektrische Stumpfschweißmaschine zur Verfügung steht, ein Stück Maschinenstahl mit Drall und Schaft stumpf zusammenschweißen. Man kann auch einen neuen Kegel aus Aluminium anspritzen, sofern die geeigneten Gesenke vorhanden sind.

50. Bohrer mit abgebrochenen Lappen am kegeligen Schaft. Instandsetzung:

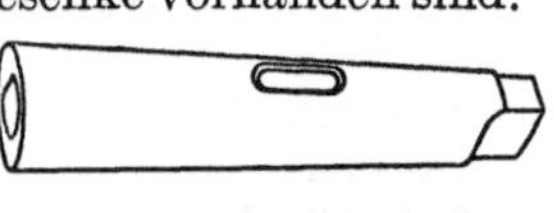

Abb. 92. Kegelhülse mit innerer Fläche.

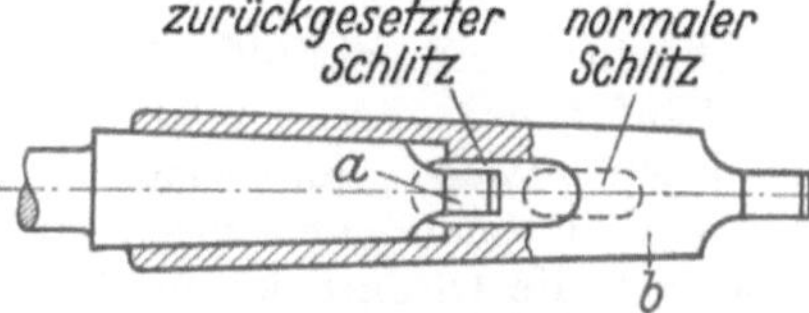

Abb. 93. Kegelhülse mit zurückgestelltem Mitnehmerschlitz.

a) Durch Aufsetzen einer Kegelhülse, die mit dem Schaft vernietet wird.

b) Durch Anfeilen einer Fläche am Kegel (Abb. 91) und Verwendung einer Kegelhülse mit innerer Mitnehmerfläche (Abb. 92).

c) Durch Anfeilen eines neuen Mitnehmerlappens (a in Abb. 93) und Verwendung einer Kegelhülse mit verkürztem Innenkegel und zurückgesetztem Mitnehmerschlitz (b in Abb. 93).

J. Sonderausführungen von Spiralbohrern.

51. Spiralbohrer mit Oelzuführung. Zum Bohren tiefer Löcher in Stahl sind Spiralbohrer mit Ölzuführung unentbehrlich. Das Öl[2] wird durch Druck in die Ölrohre gepreßt, entweder von hinten (Abb. 94a und b) oder seitlich (Abb. 94c).

---

[1] Siehe Anm. 2, S. 42.

[2] Mit „Öl" ist hier jede Kühl- und Schmierflüssigkeit gemeint, die beim Bohren verwendet wird, also außer Öl: Bohröl, Seifenwasser usw.

Die Zuführung des Öles durch den Schaft von hinten wird vor allem bei Revolverbänken angewendet (Abb. 95). Diese Anordnung hindert das freie Schalten des Revolverkopfes nicht, während bei seitlicher Ölzufuhr zum Schalten des Revolverkopfes der Ölschlauch mit Kegel *a* abgehoben werden muß, was sehr umständlich ist (Abb. 96).

Bei Senkrechtbohrmaschinen läßt sich die seitliche Ölzufuhr dadurch ermöglichen, daß das Öl in einen drehbaren, abgedichteten Ring gepreßt wird und von da aus durch die Ölrohre fließt (Abb. 97).

·Durch das Einfräsen der Nuten für die Ölrohre wird der Bohrer etwas geschwächt. Der Vorschub

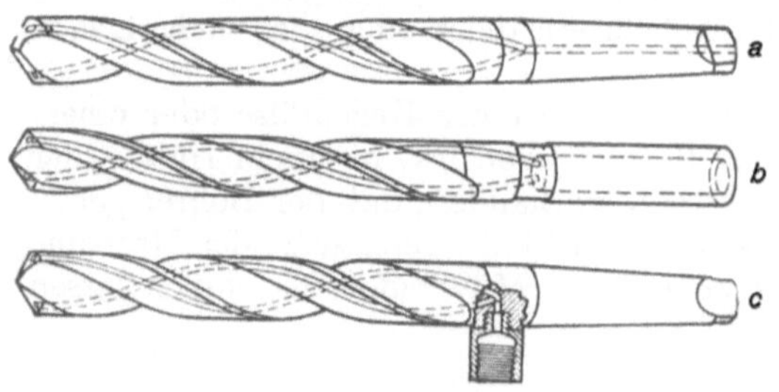

Abb. 94. Bohrer mit Ölzufuhr.

muß daher etwas geringer gewählt werden, damit der Bohrer nicht bricht und die Späne leicht aus dem Bohrloch ausfließen können. Der Vorteil ist, daß

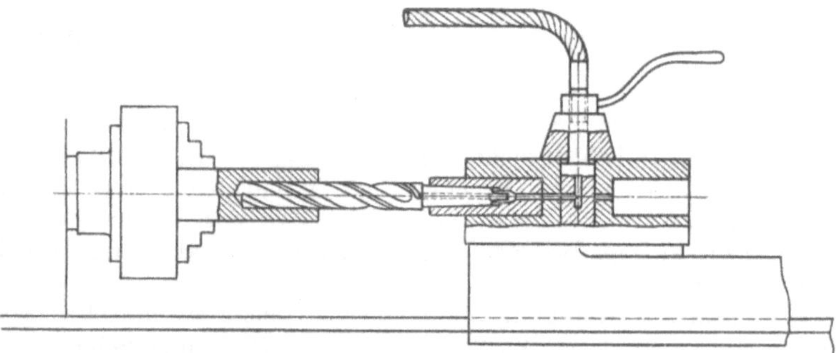

Abb. 95. Zentrale Ölzufuhr durch den Bohrer bei Revolverbänken.

die Schneide stets gekühlt wird. Die Ölrohre aus Messing oder Kupfer werden noch häufig mit Zinn eingelötet. Damit das Zinn genügend Halt hat, werden die Nuten etwas „unter sich" gefräst (Abb. 98). Trotzdem kommen noch Beschädigungen durch die Späne vor, die Ölrohre können sogar herausgerissen werden. Sicherer ist die Konstruktion Abb. 99, bei der das Rohr in eine nach hinten verbreiterte Nut

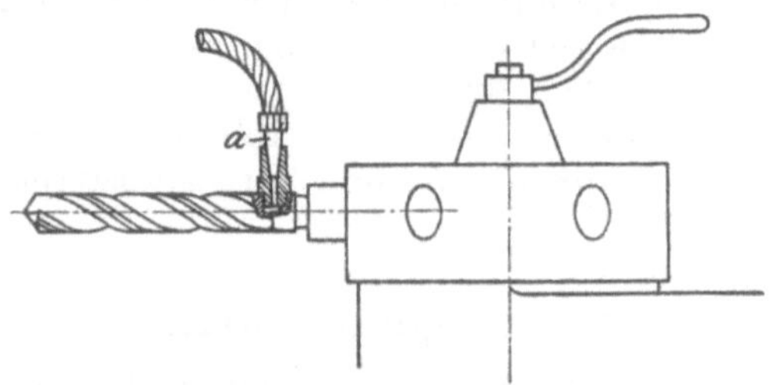

Abb. 96. Seitliche Ölzufuhr durch den Bohrer bei
Revolverbänken.

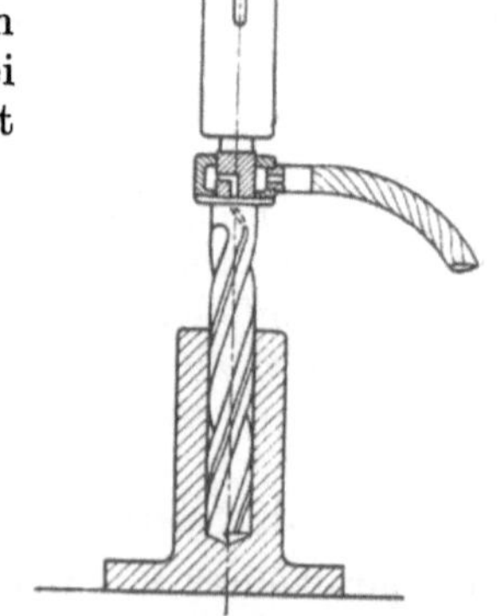

Abb. 97. Ölzufuhr bei
Senkrecht-Bohrmaschinen.

eingedrückt und dann verlötet wird. Am sichersten ist die Konstruktion, bei der gar nicht gelötet, sondern nur ein Stahlrohr in die verbreiterte Nut gewalzt wird[1].

---

[1] DRP.; s. auch Stock-Z. 1930 Heft 5.

52. Verlängerte Spiralbohrer. Wenn an unzugänglichen Stellen Löcher gebohrt werden sollen, müssen zwischen Bohrspindel und Bohrer Verlängerungen eingefügt werden, damit der Bohrer an die zu bearbeitenden Stellen herangeführt werden kann.

Abb. 100 zeigt verschiedene Bohrverlängerungen für Bohrer mit zylindrischem Schaft. Will man tiefe Löcher bohren, so ist die Ausführung b zu verwenden, wäh-

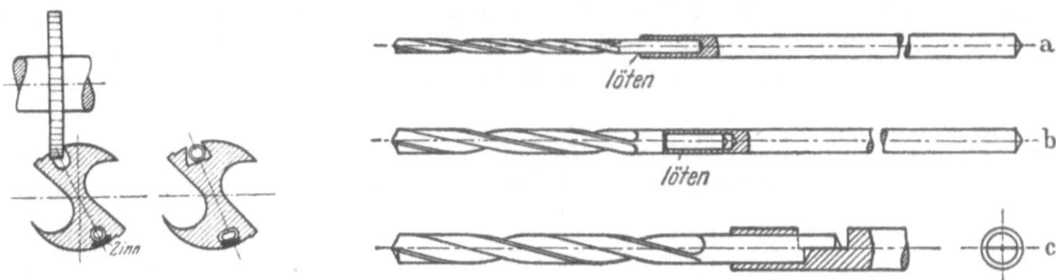

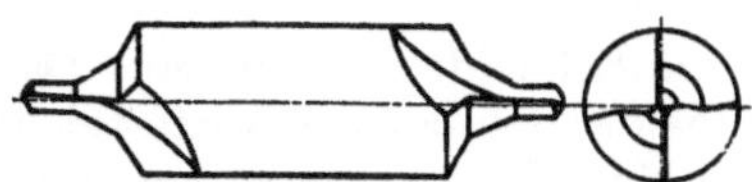

Abb. 98. u. 99. Anbringen von Ölrohren in eingefrästen Nuten.

Abb. 100. Verlängerung für Bohrer mit zylindrischem Schaft.

rend sonst Ausführung a besser ist, da der Bohrer am Schaft nicht geschwächt wird und dadurch widerstandsfähiger bleibt. c zeigt eine Verlängerung zum Aufstecken, wie sie in der Praxis auch häufig verwendet wird.

Für Bohrer mit kegeligem Schaft werden lange Kegelhülsen benützt (s. Abschn. Spannwerkzeuge).

53. Bohrer für kegelige Löcher. Zum Bohren der Löcher für Kegelstifte verwendet man Bohrer, die ein kurzes Stück hinter der Spitze zylindrisch bleiben, dann aber sich kegelig verstärken. Diese Bohrer schneiden also auf die ganze Länge ihrer Fase. Sie ersparen die doppelte Arbeitsstufe: Bohren mit zylindrischen Bohrern und Aufreiben mit kegeligen Reibahlen.

54. Anbohrer und Zentrierbohrer. Bei Arbeiten auf Revolverbänken und Automaten benutzt man kurze und daher starre Bohrer, deren Anschliff genau zentrisch liegen muß (genormt nach DIN 331). Zur Herstellung von Zentrier-

Abb. 101. Zentrierbohrer für Schutzsenkung nach DIN 332 B.

bohrungen nach DIN 332 A sind Versenker nach DIN 333 gebräuchlich, die ein zylindisches Loch geringen Durchmessers mit anschließendem Kegel herstellen. In Fällen, wo eine Beschädigung der Zentrierungen zu befürchten ist, empfiehlt es sich, Versenker nach DIN 320 für Schutzsenkung nach DIN 332 B (Abb. 101) zu verwenden.

V. Tieflochbohrer.

55. Der Kanonenbohrer (Abb. 102) ist die älteste und einfachste Ausführung eines Tieflochbohrers. Er dient zum Bohren tiefer Löcher in Rohren, Wellen und Spindeln. Der Bohrer ist bei a abgeflacht, um die Reibung im Bohrloch zu vermindern. Der Körner b wird nach dem Rundschleifen abgeschliffen. Vor dem Gebrauch dieses

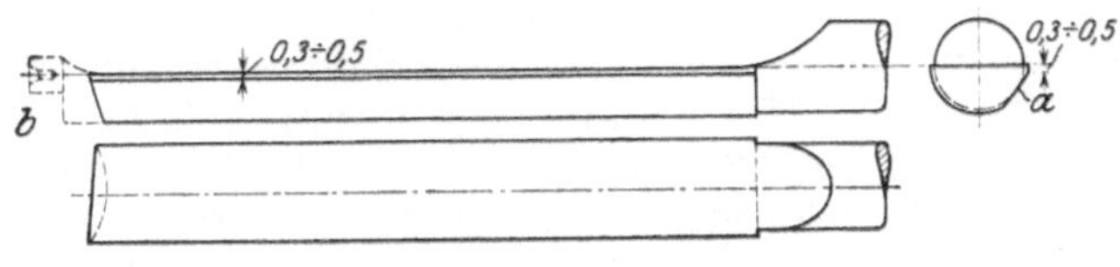

Abb. 102. Kanonenbohrer.

Bohrers wird zuerst mit einem Spiralbohrer in das Werkstück ein Loch gebohrt und genaulaufend und passend für den Kanonenbohrer ausgedreht, damit er eine Führung hat und beim Bohren nicht verläuft. Ein zwangsläufiges Bohren ist mit dem Kanonenbohrer nicht möglich. Er wird gewöhnlich auf der Drehbank verwendet und von Hand nach Gefühl vorgeschoben. Man muß ihn öfter aus dem Bohrloch herausziehen, um Öl zuzuführen und die Späne zu entfernen.

56. Neuzeitliche Tieflochbohrer (Abb. 103 ··· 105[1]) sind verbeserte Ausführungen des Kanonenbohrers. Sie werden zur Herstellung von langen Bohrungen bis zu 80 mm Durchmesser in Wellen, Spindeln und ähnlichen Werkstücken verwendet. Beim Arbeiten führt das Werkstück die drehende, der feststehende Bohrer die vorschiebende Bewegung aus, oder es drehen sich das Werkstück und der Bohrer in entgegengesetzter Richtung, wobei der Bohrer auch die Vorschubbewegung ausführt.

Die Konstruktion dieser Bohrer wird beherrscht von dem Bestreben nach reichlichem Spanraum, guter Führung und der Möglichkeit, Kühlflüssigkeit bis vorn

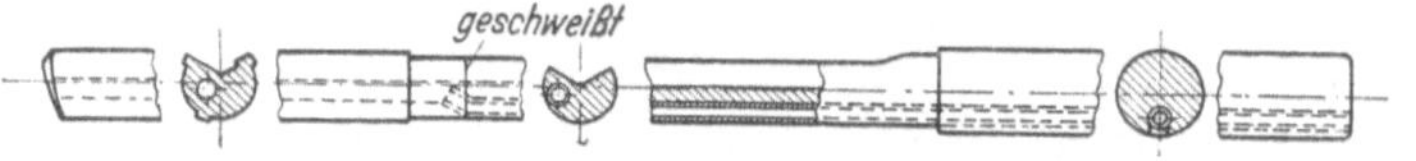

Abb. 103. Tieflochbohrer mit vollem Schaft von 6 ··· 60 mm ⌀ und Längen bis 300 mm.

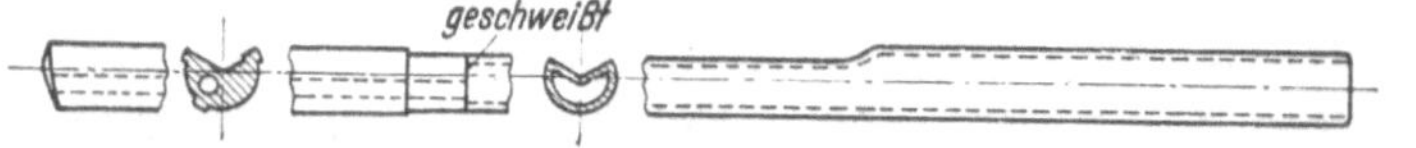

Abb. 104. Tieflochbohrer mit Rohrschaft von 6 ··· 60 mm ⌀ und Längen bis 3000 mm.

Abb. 105. Velox-Tieflochbohrer von 20 ··· 80 mm ⌀ und Längen bis 7000 mm.
(Wilh. Sasse, Spandau.)

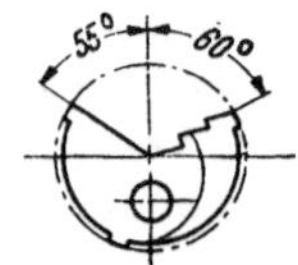

Abb. 106. Tieflochbohrer mit eingeschweißtem Ölrohr.

Abb. 107. Tieflochbohrer mit eingedrucktem Ölloch und angeschweißtem Rohrschaft. 5 ··· 18 mm ⌀.

Abb. 108. Tieflochbohrer mit eingebohrtem Ölloch und angeschweißtem Rohrschaft. 20 ··· 60 mm ⌀.

an die Schneide zu bringen. Daher hat der Bohrer nur eine Schneide, die bis zur Mitte reicht und dementsprechend eine tiefe Nut, die am besten mit einem besonders zu dem Zweck konstruierten Formfräser eingefräst wird (Abb. 106 ··· 108).

Bei dem Bohrer Abb. 106 ist an der Rückseite ein Ölrohr eingeschweißt. Bei dem Bohrer nach Abb. 107 ist der Schneidenschaft aus einem kurzen Stahlrohr hergestellt und weist eine eingewalzte Spannut und Ölkanal auf, während bei dem Bohrer nach Abb. 108 das Ölloch in den Schneidenschaft eingebohrt ist. Das Öl wird mit hohem Druck durch das Ölrohr bzw. durch den Ölkanal gepreßt, um die Schneide zu kühlen und die Späne aus dem Bohrloch herauszuspülen. Die Bohrmaschinen sind deshalb mit kräftigen Druckpumpen bis zu 30 at versehen.

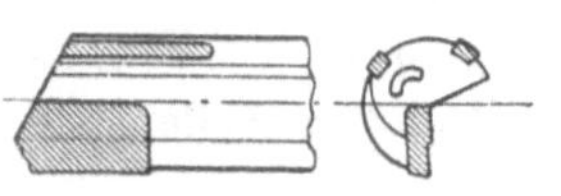

Abb. 109. Tieflochbohrer mit Hartmetallschneide.

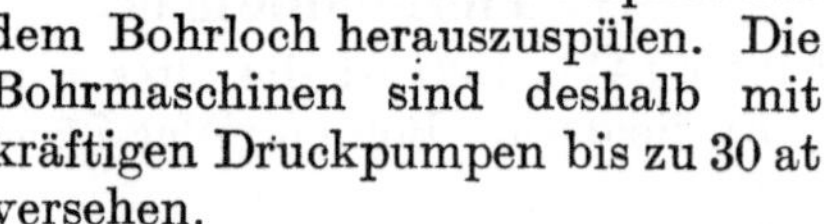

Tieflochbohrer werden aus Schnellstahl, am besten aus Hochleistungsstahl mit angeschweißtem Schaft oder Rohrschaft (Abb. 103 und 104) hergestellt. In letzter Zeit werden auch Bohrer mit Hartmetallschneiden nach Abb. 109 gefertigt. Bei guter Ausführung sind die Leistungen höher als bei Bohrern aus Schnellstahl, da sie nicht so schnell stumpf werden und deshalb auch nicht so oft geschliffen werden müssen.

57. Anschleifen der Tieflochbohrer. Die Bohrer werden nach dem Härten rundgeschliffen. Nach dem Schleifen wird die Fase mit einem Ölstein hinterwetzt.

---

[1] Siehe auch LOEWE-Notizen 1938 Heft 7/12.

Soweit die Führungsfase reicht, ist der Bohrer im Durchmesser nach hinten zu verjüngt, um die Reibung weiter zu vermindern. Die Verjüngung des Schneidenschaftes beträgt auf 100 mm Länge etwa 0,1 mm im Durchmesser. Sie werden von Hand oder auf Sondermaschinen scharfgeschliffen. Der Spitzenwinkel beträgt 118···120°.

Die Schneidspitze liegt bei den Bohrern nach Abb. 103···104 genau im ersten Viertel des Bohrerdurchmessers (Abb. 110). Einseitig geschliffene Bohrer werden von der Mitte leicht abgedrängt und verlaufen. Dadurch vergrößert sich

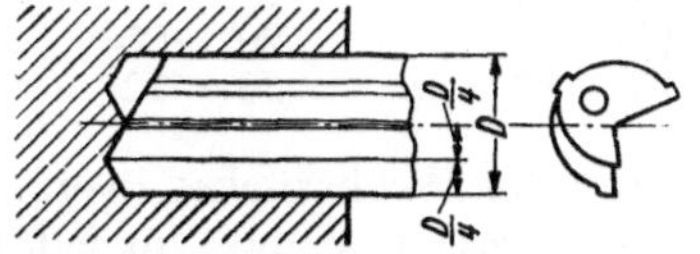

Abb. 110. Lage der Schneidenspitze.

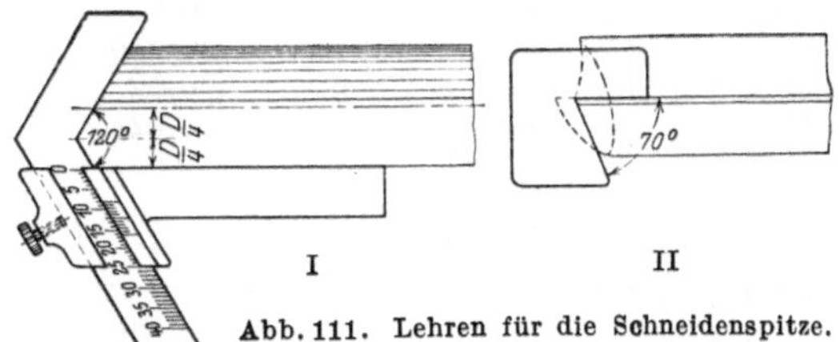

I II

Abb. 111. Lehren für die Schneidenspitze.

die Reibung am Umfang des Bohrers, so daß er leicht abbricht. Es empfiehlt sich deshalb, beim Scharfschleifen Lehren zu benutzen (Abb. 111 I···II). Mit Lehre I läßt sich $^1/_4$ Durchmesser bequem einstellen und zugleich der Spitzenwinkel messen; II dient für den Freiwinkel. Bei richtig geschliffenen Bohrern entsteht bei weichem Werkstoff ein langer zusammenhängender Span, während sich bei härterem kürzere Späne bilden.

Sehr oft kommt es vor, daß beim Bohren mit einem Bohrer nach Abb. 103 und 104 ein dünner Kern von 1···2 mm ⌀ ausgebohrt wird (Abb. 112). Grund: die Schneidkante des Bohrers liegt unter der Mitte. Es ist deshalb bei der Anfertigung der Bohrer darauf zu achten, daß die Schneide nicht unter der Mittellinie liegt.

58. Betrieb der Tieflochbohrer. Bei den Schnellstahlbohrern setzt sich zuweilen vom Werkstück etwas Werkstoff an den Schneidenkopf außen an, wodurch der Bohrer festsitzt und ein schwacher Bohrer leicht abbricht. Die Spindelbohrma-

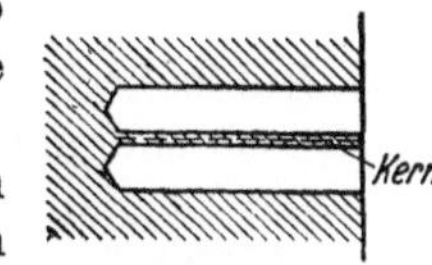

Abb. 112.
Stehengebliebener Kern.

schinen besitzen jedoch meist an der Antriebsscheibe eine Sicherheitskupplung, die so eingestellt werden kann, daß sie bei einer größeren Kraft, als zur Abhebung des Spanes nötig ist, auslöst. Sitzt dann der Bohrer fest, sei es durch dieses Ansetzen, sei es durch Verstopfen der Spannut, so wird das Werkstück still stehen. Der Bohrer muß dann vorsichtig aus dem Bohrloch gezogen werden, möglichst ruckweise, wobei das Werkstück nur wenig gedreht werden darf, damit der Bohrer nicht abbricht. Angesetzter Werkstoff muß mit einem Ölstein abgewetzt werden. Ist die Schnittfase vorn abgenützt, so muß das beschädigte Stück abgeschliffen werden. Bei Bohrern mit Schneide und Rückenführungen aus Hartmetall nach Abb. 109 fällt dieser Übelstand fort.

Geeignete Schnittgeschwindigkeiten und Vorschübe sind in der Tab. 12 angegeben. Der Vorschub ist sehr klein, da sich sonst beim Bohren tiefer Löcher das Bohrloch leicht verstopfen würde. Nur für Bohrer von 20···80 mm ⌀ nach Abb. 105 betragen die Vorschübe für Stahl von 60···70 kg Festigkeit etwa 0,15···0,45 mm/U.

Tieflochbohrer, die nur für einzelne Löcher gebraucht werden, können von einem Durchmesser über 20 mm ein Bohrmesser erhalten, das in einem durchbohrten Schaft oder Rohr befestigt ist und durch ein anderes ausgewechselt werden kann. Das Öl wird durch den Schaft unter Druck an die Schneide geführt. Die Ausführung ist ähnlich der Abb. 20, S. 11. Es ist zweckmäßig, den Schneiden des Messers Spanbrechernuten zu geben.

Tabelle 12. **Schnittgeschwindigkeiten und Vorschübe für Tieflochbohrer nach Abb. 103 u. 104.**

Bohrer ⌀ m/m	Vorschub [mm/U] für		Schnittgeschwindigkeiten [m/min] für Bohrer aus:	
	Stahl 60···70 kg/mm²	Nickelstahl im Einsatz gehärtet (Kern weich)	Schnellstahl	Hochleistungs-Schnellstahl
7··:·10	0,015	0,01	20···25	30···35
10···15	0,020	0,015	20···25	25···30
15···25	0,025	0,02	18···20	20···25
25···40	0,030	0,025	18···20	20···25
40···60	0,035	0,03	15···18	20···22

Bohrer nach Abb. 103 und 104 müssen beim Anbohren des Werkstückes in einer Führungsbüchse geführt werden, damit sie nicht verlaufen. Es ist deshalb für jeden Bohrerdurchmesser eine Führungsbüchse nötig. Wird jedoch mit einem kurzen Spiralbohrer vom Durchmesser des Tieflochbohrers etwa 30···40 mm tief angebohrt, dann ist eine Führungsbüchse nicht nötig.

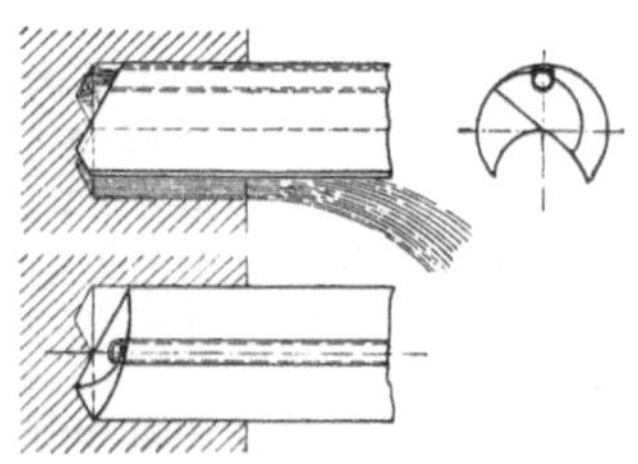

Abb. 113. Bohrer in Arbeitsstellung.

Als Kühlmittel wird dünnflüssiges Mineralöl oder Bohröl benutzt. In Abb. 113 ist der Bohrer in Arbeitsstellung gezeichnet. Die Spannut liegt unten, so daß die Späne und das Öl nach unten abfallen bzw. abfließen. Abb. 114 zeigt einen Tieflochbohrer in Arbeitsstellung auf der Bohrmaschine.

59. Hohlbohrer. Für größere Bohrungen von etwa 60 mm ⌀ an wird man Hohlbohrer[1] verwenden, um das viele Zerspanen zu vermeiden. Der Werkstoff der Bohr-

Abb. 114. Tieflochbohrmaschine. (Gebr. Böhringer, Göppingen.)

löcher wird beim Bohren mit Hohlbohrern nicht ganz zerspant, sondern es wird ein Kern ausgebohrt (Abb. 115), der wieder weiter verwendet werden kann.

Diese Bohrer werden ebenfalls zum Ausbohren von Wellen, Stangen und Rohren mit größeren Bohrungen verwendet. Auch hierbei dreht sich das Werkstück und der Bohrer steht fest, oder es drehen sich Werkstück und Bohrer.

---

[1] Vgl. auch REHFELD: Die Herstellung langer Bohrungen durch Hohlbohren und Aufbohren. Masch.-Bau/Betrieb 1942 S. 409.

Hohlbohrer werden gewöhnlich aus zwei Teilen hergestellt, und zwar aus dem Bohrkopf und dem Schaft, der aus einem Rohr besteht (Abb. 115). Der Schaft muß rund geschliffen werden, da er in einer Lünette geführt wird. Die Bohrer werden in Längen bis zu 5 m und mehr hergestellt. Ganz lange Rohre werden auch von zwei Seiten gebohrt[1].

Die Bohrköpfe[2] werden, je nach dem Verwendungszweck, besonders aber nach der Größe der Bohrung, mit 2···16 Messern versehen.

Der Bohrkopf (Abb. 116) wird auf einem Rohr durch Kegel und Schrauben befestigt; er wird für Bohrun-

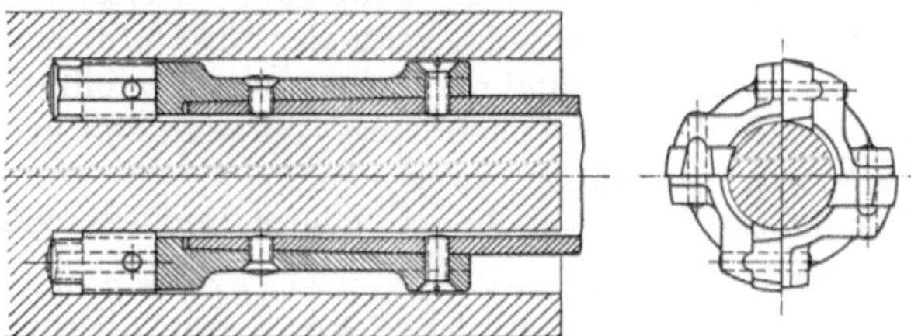

Abb. 115. Vierschneidiger Hohlbohrer.

gen von 60···150 mm verwendet. Durch die rillenförmige Form der Messerschneiden werden die Späne sehr weitgehend zerteilt. Die Schneidflächen der Messer sind verschieden breit. Jede Schneidfläche übernimmt ein Viertel der Spanleistung, damit die Späne schmal und klein bleiben, so daß das Druckwasser sie gut herausspülen kann. Klemmen sich die Späne fest, so neigen die Messer zum Fressen, und der Kopf läßt sich aus der Bohrung nur schwer herausbringen. Die Stellen *a* am vorderen Teile des Kopfes müssen deshalb besonders gut abgeschrägt und abgerundet werden.

Am hinteren Ende sind vier eingesetzte harte Führungsleisten angebracht. Für tiefe Bohrungen, bei denen mit einer seitlichen Abnutzung der Messer und einem Engerwerden der Bohrung mit der Tiefe oder mit Klemmungen durch Späne zu rechnen ist, sind Bohrköpfe mit gleichmittig spannenden

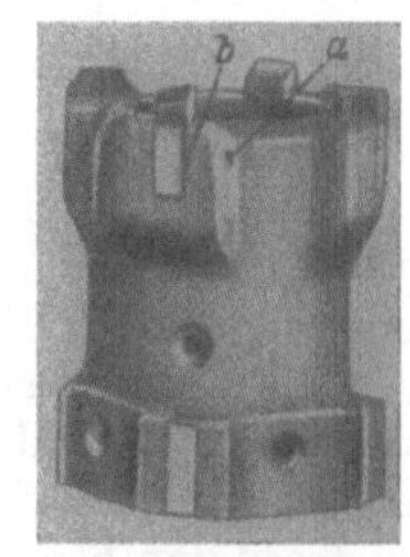

Abb. 116. Vierschneidiger Bohrkopf.

Führungsleisten zu empfehlen (s. Fußnote 1, S. 48). Da in den Ecken *b* die Köpfe leicht zum Brechen neigen, ist besonders guter Werkstoff zu verwenden, am besten zäher Werkzeugstahl in Öl gehärtet oder Nickelstahl im Einsatz gehärtet.

Für Bohrungen bis zu 600 mm Durchmesser dienen Bohrköpfe nach Abb. 117.

Die Messer der Bohrköpfe sind aus Schnellstahl (möglichst Hochleistungsschnellstahl). Sie können aber auch aus gewöhnlichem Stahl mit aufgelöteten

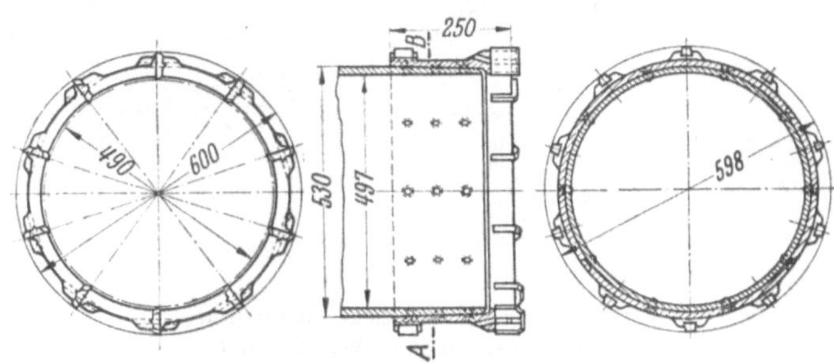

Abb. 117. Hohlbohrer mit 10 Messern.

Hartmetallplättchen (S 2) hergestellt werden, die sich nicht so leicht abnutzen, daher auch nicht so oft geschliffen werden müssen. Sie sind fest in die Schlitze des

---

[1] KLEIN: Maschinen zum Herstellen langer Bohrungen. Masch.-Bau/Betrieb 1935 S. 539.

[2] Hohlbohrer und Messerköpfe von Valentin Litz. Werkst.-Techn. 1921 Heft 7; Masch.-Bau 1930 S. 783. — KLEIN: Werkzeuge zum Herstellen langer Bohrungen. Masch.-Bau/Betrieb 1953 S. 603; LOEWE-Notizen 1938 Heft 7/12.

Bohrkopfes eingesetzt und gegen Verschiebung durch halbrunde Federn oder Stifte an der Rückseite gesichert. Eine Schraube verhindert ihr Herausfallen beim Zurückziehen aus dem Bohrloch.

Die Messer sind 20···55 mm breit, je nach dem Bohrdurchmesser; jedoch schneidet nur das letzte Messer die ganze Breite, alle anderen sind gleichmäßig abgestuft und an der Schneide schmaler zur Unterteilung des Spanes. An der Stirnseite des Bohrkopfes sind die Messer so eingestellt, daß sie nicht zugleich anschneiden, sondern der Reihe nach. Der Höhenunterschied kann 0,1···0,2 mm betragen, beim ersten Zahn auch etwas mehr.

Geeignete Schnittgeschwindigkeiten und Vorschübe sind in Tab. 13 angegeben.

Tabelle 13. Schnittgeschwindigkeiten und Vorschübe für Hohlbohrer nach Abb. 116 und 117.

Bohrer $\varnothing$ mm	Vorschübe [mm/U] für Stahl 50···70 kg/mm²	Schnittgeschwindigkeiten [m/min] für Bohrer aus	
		Schnellstahl	Hochleistungs-schnellstahl
60···100	0,05···0,1	16···20	20···25
100···200	0,2···0,4	16···20	20···25
200···400	0,2···0,4	19···18	18···20
400···600	0,2···0,4	16···18	18···20

Die Schneidwinkel sind möglichst stumpf auszubilden, damit die Späne in bröckliger Form, nicht aber als fortlaufende Drehspäne abfallen. Lange Späne setzen sich zwischen Hohlbohrer und Werkstück fest und erschweren das Bohren.

60. Entfernen des Kernes. Wird beim Hohlbohren das Bohrloch nicht durchgebohrt, so muß der stehenbleibende Kern entfernt werden. Bei kleineren Bohrungen ist es möglich, durch Eintreiben von Keilen zwischen Werkstückmantel und Kern den Kern an dem gefährlichen Querschnitt, also in der Nähe des Bodens der Bohrung, an der gewollten Stelle abzubrechen. Dieses Verfahren verlangt allerdings eine gewisse Sprödigkeit des Werkstoffes. Bei größeren Bohrungen und bei zähen Werkstoffen ist es notwendig, den stehengebliebenen Bohrkern im Grunde einzustechen.

Dazu dienen besondere Vorrichtungen. Die Abstechvorrichtung Abb. 118 besteht aus einer im Bohrkopf und in Schellen am Rohr geführten Stange b, die vorn das Abstech-

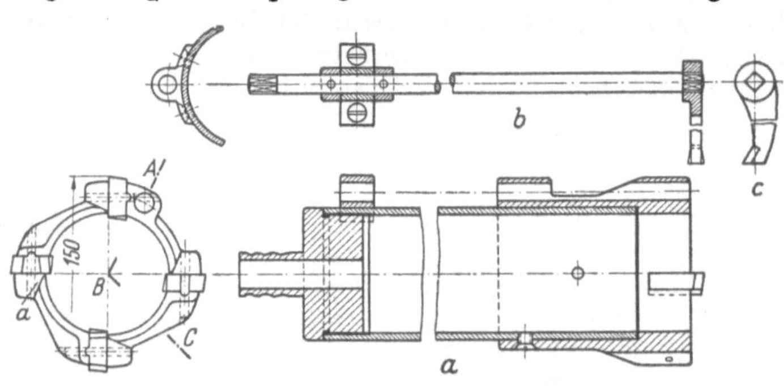

Abb. 118. Hohlbohrer mit Einstechvorrichtung.
a Aufnahmezylinder; *b* Führungsstange; *c* Abstechmesser. Schnitt *A—B—C*.

messer c trägt. Soll der Bohrkern abgestochen werden, so wird auf den Vierkant der Stange ein Hebel mit Gewicht aufgesteckt. Das Messer wird durch das Gewicht gegen den Kern gedrückt und sticht ihn ab.

In Abb. 119 ist ein Einstechwerkzeug mit säbelförmigem Einstechstahl im Hohlrohr dargestellt. An Stelle des Hohlbohrers wird ein Rohr *I* mit einem Aufnahmezylinder *a* und Führungsbacken *b* in das Bohrloch eingeführt, in dem ein säbelartig geformter Einstechstab *c* um einen Bolzen drehbar angebracht ist. Der Einstechstahl wird beim Einführen des Einstechwerkzeuges in die gestreckte Lage gebracht und bis an den Boden vorgeschoben. Bei einsetzendem Vorschub dreht sich der Stahl nach der Mitte zu und sticht eine spitze Nut von entsprechender Tiefe ein. Der Aufnahmezylinder a ist stufenförmig abgesetzt, um Platz für die Späne zu schaffen.

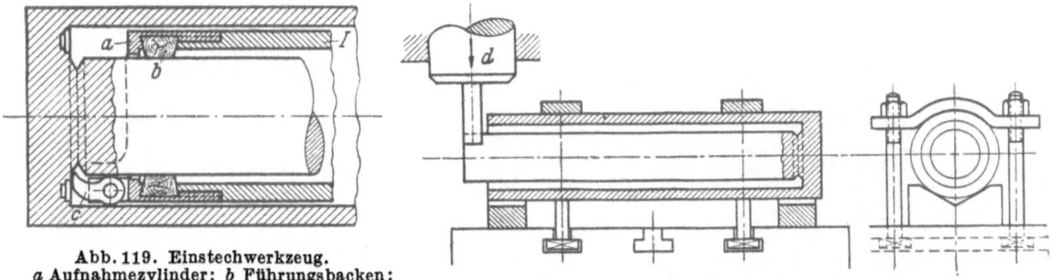

Abb. 119. Einstechwerkzeug.
a Aufnahmezylinder; b Führungsbacken; c Einstechstahl.

Abb. 120. Abbrechen des Kernes. d Druckstück.

Der Kern wird an einer hydraulischen Presse abgebrochen (Abb. 120). Das Werkstück wird dabei in Prismen auf dem Tisch der Presse festgespannt. Das Druckstück d mit seiner kreisförmigen Ausrundung drückt auf den Kern und bricht ihn an der eingestochenen Ringnute ab.

Diese Verfahren sind selbstverständlich mühsam und zeitraubend. Der Grund liegt darin, daß der schmale Ringraum zwischen Kern und Wand, besonders wenn er lang ist, ein handlicheres Werkzeug nicht zuläßt.

61. Fertigbohrer. Zum sauberen Fertigbohren genügen die bisher beschriebenen Bohrer nicht. Einen Fertigbohrkopf für größere Durchmesser zeigt Abb. 121[1]. Er hat zwei Messer, von denen das eine aufbohrt, während das andere die Bohrungswand glättet. Vier Hartholzbacken geben dem Bohrer die Führung. Durch die vorn eingeschraubte Kappe wird den Messern die Kühlflüssigkeit zugeführt. Damit sich die Hartholzbacken nicht verziehen, empfiehlt es sich, die Bohrköpfe vor

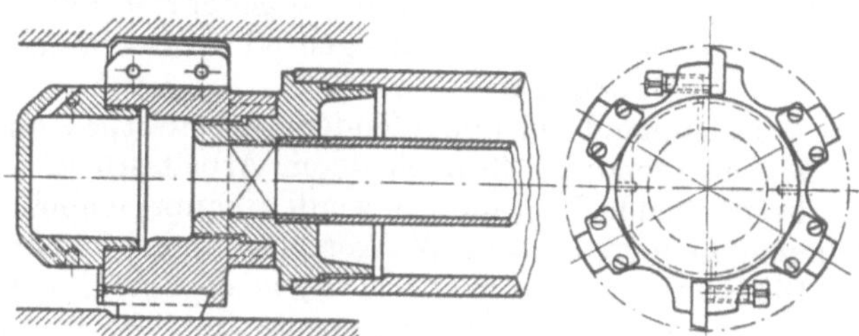

Abb. 121. Fertigbohrer.

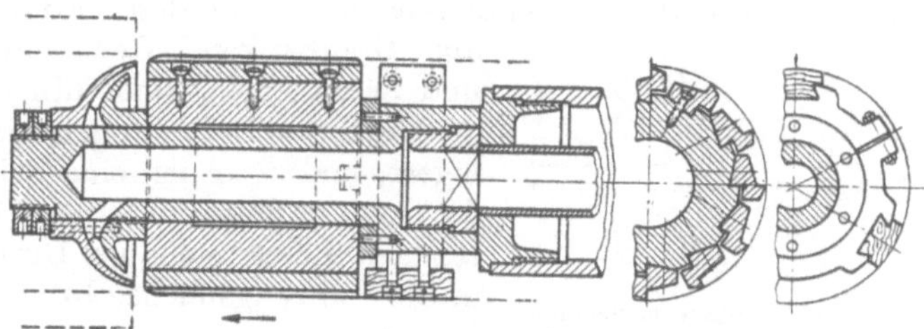

Abb. 122. Reibahle von 200 mm Durchmesser.

und nach dem Gebrauch in Öl zu stellen, dann können die Holzführungen nicht austrocknen.

Zum Nachreiben wird eine Reibahle nach Abb. 122 verwendet. Sie kann durch Aufschrauben eines Aufsteckhalters im Rohrschaft verwendet werden. Auf dem hinteren Teil des Halters ist ein Führungsring mit drei Hartholzbacken aufgeklemmt. Vorn befindet sich eine zweiteilige glockenförmige Kappe, durch die ein ring-

---

[1] KLEIN: Masch.-Bau/Betrieb 1935 S. 605.

förmiger Flüssigkeitsstrahl den Messern zugeführt wird. Abb. 123 zeigt das Ausbohren von Rohren auf einer großen Tieflochbohrmaschine.

Abb. 123. Tieflochbohrmaschine für große Bohrungen bis 220 mm $\varnothing$. (Magdeburger Werkzeugmaschinenfabrik.)

VI. Bohrstangen und Bohrköpfe.

62. Allgemeines. Die Bohrstange wird zum Ausbohren vorgegossener Löcher und zum Nach- und Aufbohren vorgebohrter Löcher benutzt. Sie muß so stark wie möglich sein, um Durchbiegen oder Zittern zu vermeiden.

Man verwendet sie:

1. feststehend bei umlaufendem Arbeitsstück und
2. umlaufend bei feststehendem Arbeitsstück.

Feststehende Bohrstangen werden hauptsächlich auf Dreh- und Revolverdrehbänken, umlaufende auf Waagerecht- und Senkrechtbohrmaschinen benutzt.

Die Bohrstangen können *freitragend* oder *geführt* sein. Unter freitragenden Bohrstangen versteht man diejenigen, die im Schaft eingespannt und vorn am Stahl nicht unterstützt sind. Sie müssen besonders kräftig und so bemessen sein, daß sie der jeweiligen Bohrung entsprechen. Sie werden für durchgehende und Sacklöcher auf Drehbänken, Revolverdrehbänken, Waagerecht- und Senkrechtbohrmaschinen verwendet.

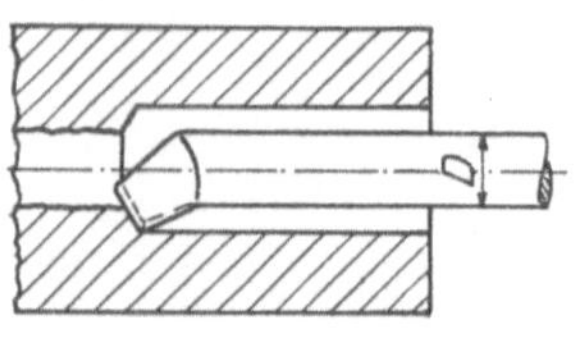

Abb. 124. Bohrstahl im Schnitt.

Geführte Bohrstangen sind an beiden Seiten gelagert, und zwar ist eine Seite festgespannt, während die andere Seite in einer Büchse läuft. Diese Bohrstangen müssen genauen Durchmesser haben, damit sie in die Führungsbüchse bzw. Bohrung des Werkstückes passen.

63. Der Bohrstahl (Abb. 124) wird nur zum Aufbohren kleiner Bohrungen von 4···20 mm verwendet, wenn passende Werkzeuge, Bohrer usw. nicht vorhanden sind, und besonders, um verlaufene, mit dem Bohrer gebohrte Löcher gerade und fluchtend nachzubohren.

64. Freitragende Bohrstangen bestehen aus einem Schaft aus Maschinenstahl, in den kleine vierkantige oder runde Bohrstähle eingesetzt und durch Druckschrauben festgehalten werden.

In Abb. 125···129 sind freitragende Bohrstangen für durchgehende und Endlöcher dargestellt. Für durchgehende Löcher eignet sich zum Schruppen die Bohrstange Abb. 126 besonders gut, da der Spandruck den Stahl nicht so leicht verschieben kann. Der Zapfen für die Druckschraube muß schwächer sein als der Schaft, um die Bohrstange in vorgegossene Löcher leicht einführen zu können.

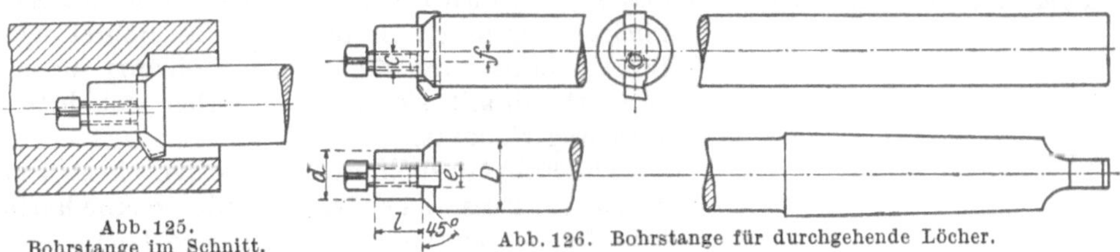

Abb. 125.
Bohrstange im Schnitt.

Abb. 126. Bohrstange für durchgehende Löcher.

Zu Abb. 126.

D	d	l	e	c	f	D	d	l	e	c	f
10	8	11	4	5	—	22	16	16	6	8	—
12	10	12	4	5	—	26	18	18	8	8	—
14	12	13	4	6	—	32	22	20	10	10	—
16	13	14	6	6	—	38	26	22	12	10	2
18	14	15	6	6	—	50	34	24	14	12	4
20	15	15	6	6	—						

Zum Verstellen des Stahles ist es vorteilhaft, eine Stellschraube anzubringen (s. Abb. 128 u. 129).

Bei Bohrstangen für Endlöcher muß der Stahl schräg liegen, um bis auf den Grund bohren zu können. Abb. 127 zeigt Ausführungen mit zylindrischem und kegeligem Schaft. Die Durchmesser sind dieselben wie in Abb. 126.

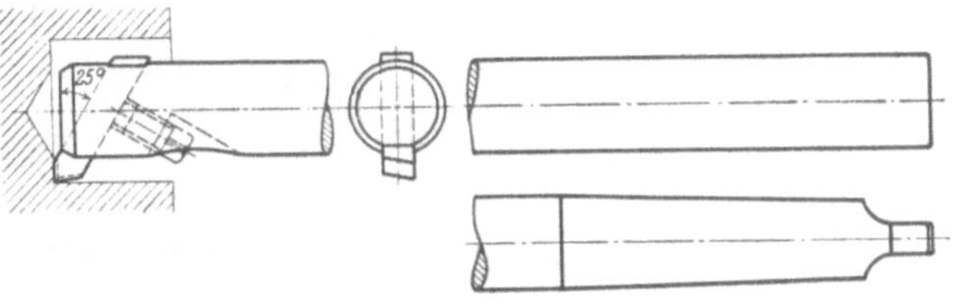

Abb. 127. Bohrstange für Grundlöcher.

Abgesetzte Bohrungen werden mit Bohrstangen nach Abb. 128 gebohrt. Sie werden verwendet zum Vor- und Nachbohren von Messing, Rotguß und Aluminium, außerdem zum Nachbohren bei Gußeisen und Stahl.

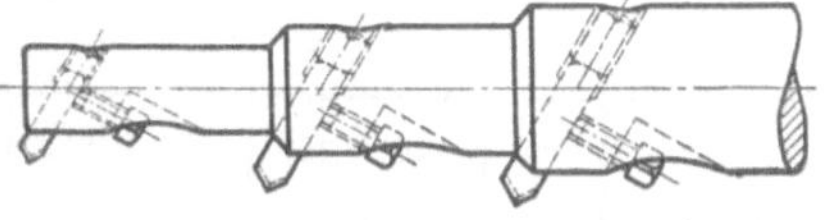

Abb. 128. Bohrstange für drei hintereinander iegende Löchler verschiedener Größe.

Zu Abb. 129.

D	a	c	b	d	e
20	6	3,5	6	10	6
22	6	3,5	6	10	8
26	8	3,5	6	10	8
32	10	4,5	6	12,5	10
38	12	4,5	6	12,5	10
50	14	5,5	8	15,5	12

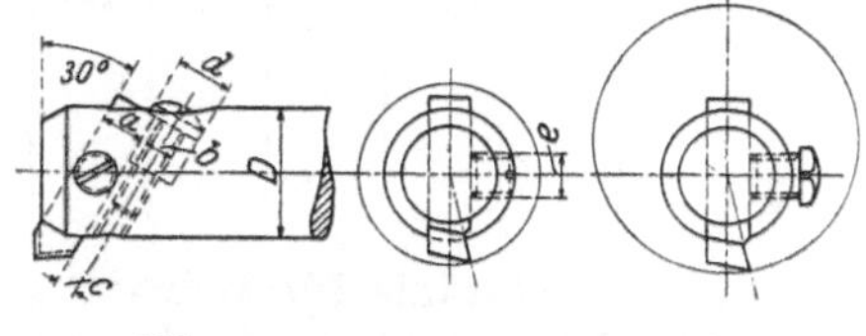

Abb. 129. Bohrstahlverstellung.

Abb. 127 zeigt eine Bohrstange für Endlöcher mit Feineinstellung des Stahles.

Für kleine Durchmesser bis zu 26 mm werden zum Festspannen des Stahles Gewindestifte verwendet, für größere Durchmesser über 30 mm Innensechskantschrauben oder besser Vierkantschrauben mit flachem Kopf. Abb. 130 zeigt die Anwendung der Bohrstange Abb. 129.

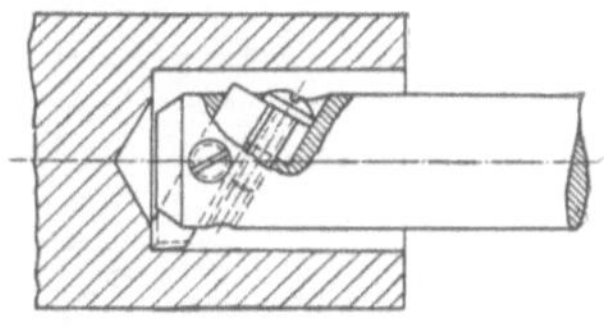

Abb. 130. Bohrstange im Schnitt.

65. Geführte Bohrstangen werden hauptsächlich in der Senkrecht- und Waagerechtbohrerei verwendet bei Werkstücken, bei denen mehrere Bohrungen hintereinander liegen und fluchten müssen.

Sehr häufig wird die Führungsbohrstange auch bei größeren Bohrvorrichtungen gebraucht. Bei kleinen Werkstücken, die auf Waagerechtbohrwerken gebohrt werden und bei denen hintereinander liegende Bohrungen (Abb. 131) zu bohren sind, wird das erste Loch gebohrt und gerieben, dann wird in dieses Loch eine Führungs-

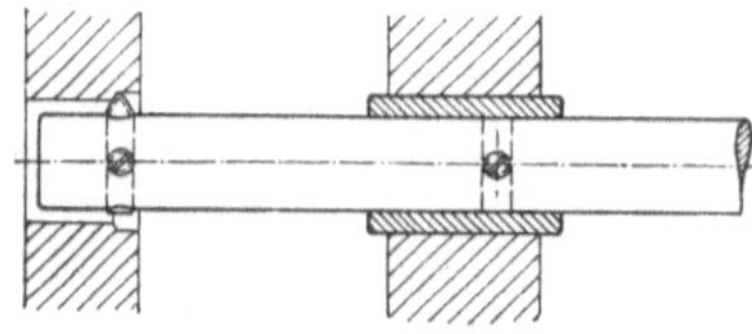

Abb. 131. Geführte Bohrstange in Anwendung.

büchse eingesetzt, in der sich die Bohrstange führt; dann wird die zweite Bohrung nachgebohrt, damit sie zu der vorher gebohrten Bohrung fluchtet.

Die Führungsbohrstangen werden bis zu 1 m Länge im Einsatz gehärtet, damit sie eine harte Oberfläche bekommen und nicht so leicht festfressen. Längere Stangen werden nur am äußeren Ende gehärtet.

Führungsbohrstangen nach Abb. 132 mit mehreren Löchern für Bohrstähle eignen sich für allgemeine Zwecke; von 30 mm $\varnothing$ ab erhalten die Stähle zweckmäßig Feineinstellung.

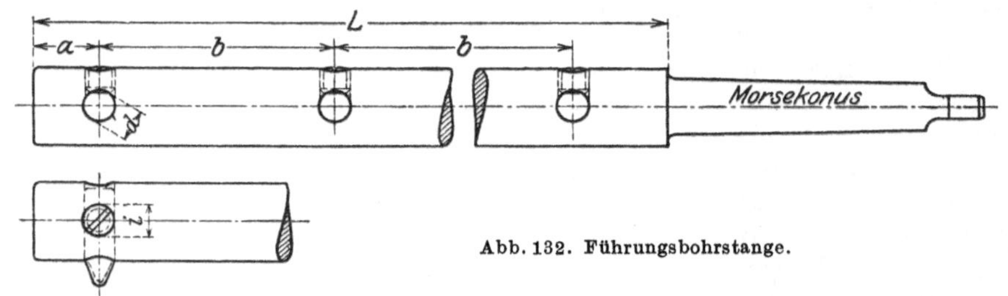

Abb. 132. Führungsbohrstange.

Zu Abb. 132 (Maße in mm)

Bohr-stangen $\varnothing$	L								a	b	d	i	Morsekegel
12	100	125	150	175	250	350	500	650	15	60	4	4	2
14									15	60	4	5	2
16									15	60	6	6	2
18									15	70	6	6	2
20									15	70	8	6	2
22									15	70	8	8	2
25	150	200	250	300	450	600	750	900	15	75	10	8	3
28									15	75	10	8	3
32									15	75	12	10	3
36									20	75	14	10	4
40									20	80	14	10	4
45									20	80	14	12	5
50									20	80	16	12	5

66. Einsteckstähle für Bohrstangen. Die Stähle können rund oder vierkantig sein (Abb. 133a u. b), beide Ausführungen sind gebräuchlich. Für Bohrstangen, die in der Dreherei und Revolverdreherei verwendet werden, empfiehlt es sich, vierkantige Stähle zu verwenden, da die abgenutzten Einsteckstähle von Drehstahlhaltern dann für Bohrstangen weiter benutzt werden können. Die Herstellung runder Löcher für

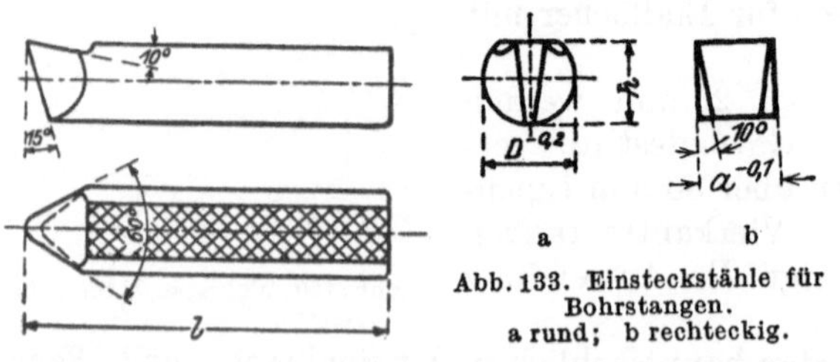

a   b
Abb. 133. Einsteckstähle für Bohrstangen.
a rund; b rechteckig.

die Bohrstähle ist einfacher, besonders bei großen Bohrstangen. Runde Bohrstähle finden deshalb auch in der Waagerechtbohrerei Verwendung.

Will man aber höhere Leistungen erzielen, dann sind vierkantige Bohrstähle vorzuziehen, da ihr Widerstandsmoment bedeutend größer ist als das der runden vom gleichen Durchmesser (s. Tab. 14).

Die Abb. 134 zeigt einen Einsteckstahl mit Hartmetallauflage. Es empfiehlt sich, Plättchen für Stähle erst von 10 mm $\varnothing$ an aufzulegen, da die Plättchen für Stähle unter 10 mm $\varnothing$ zu klein werden und sehr leicht abspringen. Für Stähle unter 10 mm $\varnothing$ verwendet man am besten volles Hartmetall.

Es ist vorteilhaft, die Bohrstähle an der Druckschraubenseite zu riefen, damit sie sich nicht so leicht verschieben, besonders wenn Gewindestifte als Druckschrauben benutzt werden.

Tabelle 14.
Widerstandsmomente runder und vierkantiger Bohrstähle.

Durchmesser bzw. Seitenlänge mm	⊙ cm³	□ cm³
4	6,28	10,66
6	21,21	36
8	50,27	85,33
10	98,17	166,66
12	169,6	288
14	269,4	457,3
16	402,1	682,6
20	785,4	1333
25	1534	2604

In der Zahlentafel zu Abb. 133 und 134 sind Abmessungen der Bohrstähle angegeben. Die Durchmesser sind so gewählt, daß die Einsteckstähle zum Anschneiden von Naben, die weiter aus der Bohrstange hervorstehen und deshalb auch stärker sein müssen, gut verwendet werden können (s. Heft 16: Senken).

Zu Abb. 133 u. 134 (Maße in mm).

Stahl $D\,\varnothing - a\,\square$	l			h	Für Bohrstangen $\varnothing$
4	12	14	18	—	3,5	10···14
6	18	22	26	30	5,5	15···19
8	26	30	35	40	7	20···23
10	30	35	40	45	8,5	24···28
12	35	45	55	—	10,5	30···35
14	45	55	65	75	12,5	36···45
16	60	65	75	—	14	46···60
20	60	75	95	—	17,5	62···80
25	90	120	135	—	21	82···100

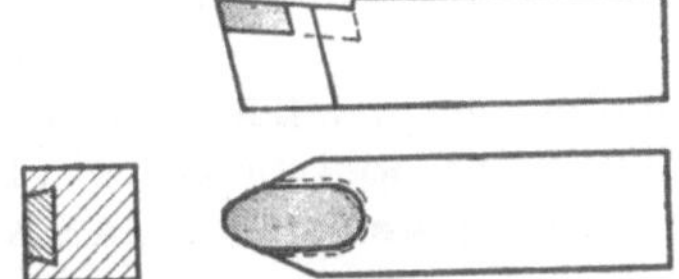
Abb. 134. Bohrstahl mit Hartmetallschneide.

Abb. 135 zeigt die Anordnung der Druckschrauben. Für Führungsbohrstangen verwendet man gewöhnlich Gewindestifte (I) oder Schrauben mit Innensechskant, die nicht über den Durchmesser der Bohrstange vorstehen dürfen, da sie sonst beim Einführen in eine fertige Bohrung hinderlich sind. Für Bohrstangen zum

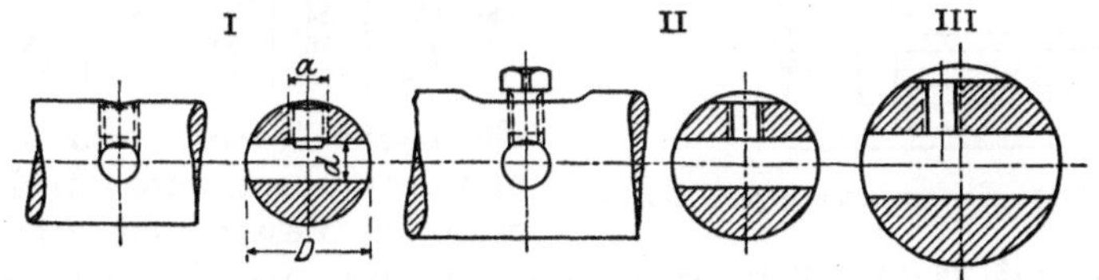

Abb. 135. Bohrstahlbefestigungen.

Zu Abb. 135 (Maße in mm).

D	d	a	D	d	a
10···14	4	4	30···35	12	10
15···19	6	6	36···45	14	10
20	8	6	46···60	16	12
22···23	8	8	62···80	20	14
24···28	10	8	82···100	25	16

Schruppen werden vorteilhafter Vierkantschrauben mit flachem Kopf verwendet, mit denen der Stahl fester angezogen werden kann. Bei stärkeren Stangen wird noch eine Abflachung an die Bohrstange angefräst (II und III), damit die Schraube nicht zu weit vorsteht. In der Tabelle zu Abb. 135 sind die Durchmesser der Druckschrauben angegeben.

Für geführte Bohrstangen von 30 mm $\varnothing$ an ist eine Stahlfeineinstellung nach Abb. 136 sehr zu empfehlen. Sie schützt den Stahl auch vor dem Zurückschieben beim Arbeiten.

Alle diese Bohrstangen arbeiten mit *einem* Stahl, daher einseitig. Beim Schruppen wird die Bohrstange mehr oder weniger durch den Schnittdruck abgedrückt, falls sie nicht kräftig genug ist. Um dies zu vermeiden, werden auch doppelseitig

Zu Abb. 136 (Maße in mm).

D	d	a	b	l	h	c	i
30···35	12	6	12,5	25	3	10,5	7
36···40	14	6	12,5	25	3	11,5	7
41···45	14	8	15	30	4	12,5	8
46···54	16	8	15	30	4	13,5	8
55···60	16	10	18	35	5	15,5	10
62···70	20	10	18	35	5	16,5	12
71···80	20	12	23	40	6	18,5	14
82···100	25	12	23	40	6	20	16

schneidende Bohrmesser verwendet (Abb. 137 und 138). Da sich diese Messer im Durchmesser sehr leicht abnützen und nicht verstellen lassen, ist es vorteilhaft, Schrupp- und Schlichtmesser zu verwenden. Durchmesser und Anschnitt müssen gleichmäßig geschliffen sein, sonst schneiden sie einseitig. Die Messer müssen leicht auswechselbar sein. Es ist deshalb wichtig, daß Maße c und f des Messers und Keiles und Maß b (Abb. 137) des Schlitzes der Bohrstange bei allen Messern, Keilen und Stangen gleich und nach Lehren hergestellt sind. Die Keile müßten sonst sehr verschieden sein, was für

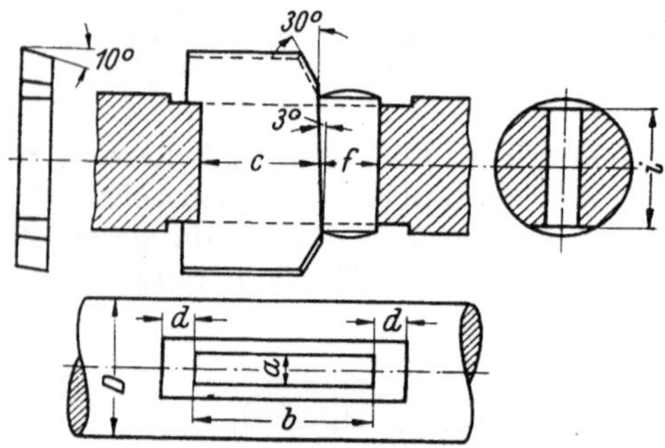

Abb. 136. Bohrstahl-verstellung.

Zu Abb. 137 (Maße in mm).

D	a	b	d	c	f	i
12···14	4	30	6	20	10	11
14···16	5	32	7	22	10	12
16···20	5	35	7	25	10	15
20···25	6	40	9	28	12	19
25···30	7	46	9	32	14	23
31···38	8	52	10	36	16	31
39···46	10	62	11	42	20	38
48···54	12	62	12	42	20·	44
55···65	14	72	12	50	22	50
70···80	16	84	14	58	26	65
85···100	18	84	14	58	26	80

Abb. 137. Bohrstange mit zweischneidigem Messer.

allgemeine Zwecke sehr umständlich und zeitraubend wäre. Auch das Maß i muß bei Messer und Stange überall gleich sein, damit beim Auswechseln von Schrupp- und Schlichtmesser dieses nicht einseitig sitzt und die Bohrung zu groß schneidet.

Mit diesen Bohrstangen können unter Verwendung von Messern mit geraden Schnittflächen (s. Heft 16: Senken) auch die Naben angeschnitten werden. Dies ist jedoch auch mit der Bohrstange mit runden oder Vierkantstählen (Abb. 138) möglich, und zwar durch Verwendung besonderer Stähle.

Die Herstellung der Bohrmesser nach Abb. 137 und der dazu passenden Stangen ist bedeutend schwieriger und teurer als der einfacher Einsteckstähle, außerdem ist der Verbrauch von Schnellstahl bei größeren Messern bedeutend. In neuerer Zeit werden jedoch diese Messer aus Maschinenstahl mit Hartmetall bestückten Schneiden hergestellt. Die Messerstangen eignen sich auch sehr vorteilhaft zum

Aufbohren schlecht vorgegossener Löcher. Es werden dann die Schneiden der Messer gerade geschliffen. Hierfür eignen sich auch Bohrstangen mit runden oder Vierkantstählen (Abb. 138).

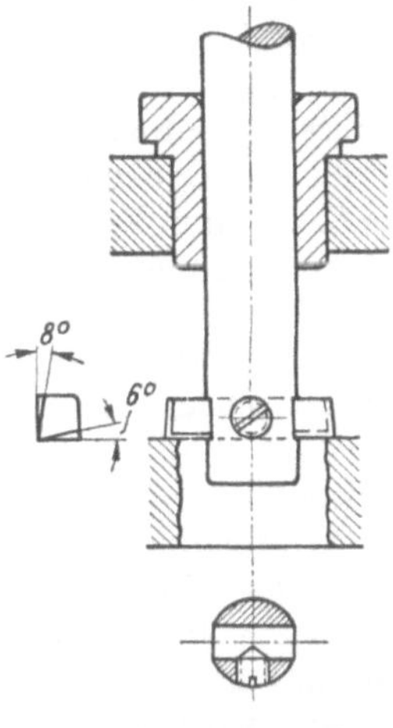

Als Sonderausführung von Bohrstählen sei die „Spreizfassung" erwähnt, die zur Befestigung von Werkzeugeinsätzen mit Diamant- oder Hartmetallschneide in Bohrstangen dient, Abb.139 für Durchgangslöcher und Abb. 140 für Sacklöcher in der Bohrstange bestimmt. Beide Fassungen werden erst festgeklemmt und dann fein eingestellt; zu diesem Zweck ist die durchgehende

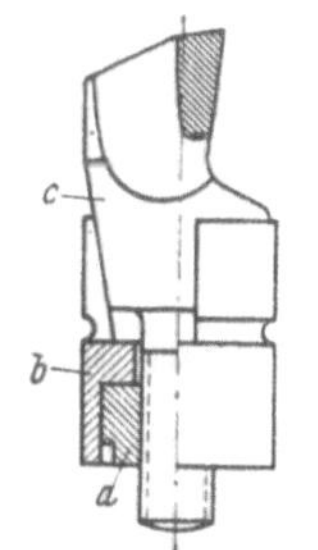

Abb. 139. Spreizfassung für durchgehende Bohrungen. *a* Rundmutter; *b* mehrfach geschlitzte Hülse; *c* Kegel des Werkzeugeinsatzes.

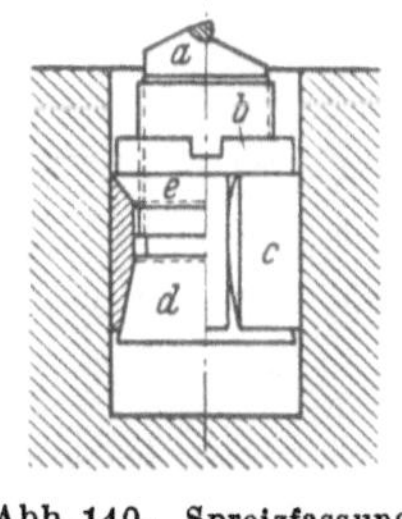

Abb. 140. Spreizfassung für Sacklöcher. *a* Werkzeugeinsatz; *b* Sonderschlitzmutter; *c* Schlitzhülse; *d* Kegel des Werkzeugträgers; *e* kegeliges Ende der Mutter.

Abb. 139 u. 140. Sonderbohrstähle mit Spreizfassung. (Ernst Winter & Sohn, Hamburg.)

Abb. 138. Geführte Bohrstange zum Aufbohren schlecht vorgegossener Löcher.

Bohrung in der Bohrstange am freien Ende mit einem Feingewinde versehen, oder man verwendet einen Sonderbügel mit Schraube, während die Spreizfassung nach Abb. 139 nach dem Festspannen noch mittels einer Doppelgewindehülse feinverstellt werden kann.

67. Feinst- und Sonderbohrstangen. In Abb. 141 ist eine Bohrstange mit verstellbarem Messer dargestellt. Die Bohrstange besitzt zwei Messer *a*, in die je ein Gewindestück *b* eingesetzt ist. Mit Hilfe der Spindel *c* werden die Messer verstellt. Eine Skala *d* dient zur Feineinstellung. Auf dem Rücken der Messer befindet sich ein Druckstück *e*, das durch einen Bolzen *f*, der an der Stelle *g* abgeflacht ist, angepreßt wird. Damit sich beim Bohren die Spindeln *c* und *f* nicht lösen, werden zur Sicherheit die Druckschrauben *h* und *i* angezogen. Die Messer können mit Hilfe einer Mikrometereinteilung auf genauen Durchmesser eingestellt werden.

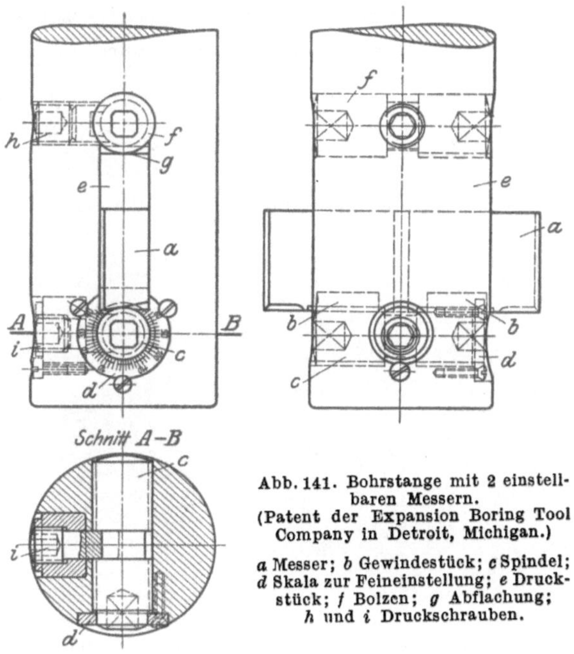

Eine Bohrstange mit verstellbarem Bohrstahl zeigt die Abb. 142. Die Einstellspindel ist mit einem Skalenring verbunden, dessen Maßskala die Ablesung von $^1/_{100}$ mm gestattet. Einen weiteren Ausbohrsupport zeigt

Abb. 141. Bohrstange mit 2 einstellbaren Messern. (Patent der Expansion Boring Tool Company in Detroit, Michigan.)

a Messer; *b* Gewindestück; *c* Spindel; *d* Skala zur Feineinstellung; *e* Druckstück; *f* Bolzen; *g* Abflachung; *h* und *i* Druckschrauben.

die Abb. 143 für Bohrungen bis zu 360 mm $\varnothing$. Der Support wird in drei Größen hergestellt.

Bohrstangen zum Feinstbohren mit genau einstellbarem Bohrstahl zeigen die Abb. 144 u. 145. Die Bohrstange Abb. 144 wird zwischen Spitzen geführt, während die Abb. 145 eine freitragende Bohrstange darstellt. Sie eignen sich vorteilhaft zum Feinstbohren bei einem Vorbohrmaß von —0,1 bis —0,5 mm und ermöglichen zwischen Spitzen auf Spezialbohrwerken und Drehbänken bzw. fliegend auf Lehrenbohr- und Fräsmaschinen die Herstellung genauer Bohrungen mit einer Toleranz von wenigen tausendstel Millimetern.

Der Bohrstahl wird mittels Feinmeßschraube verstellt, deren

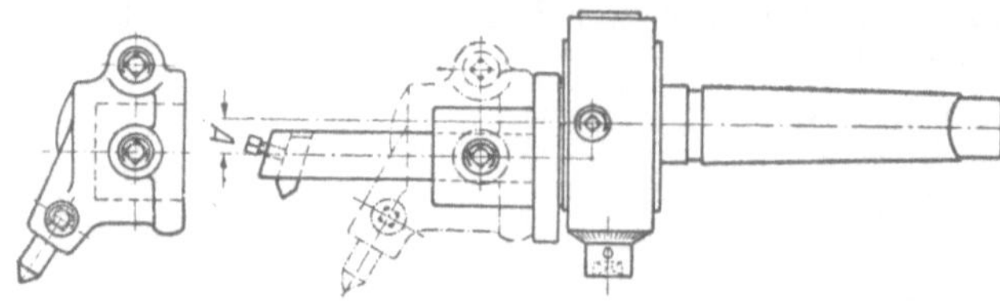

Abb. 142. Verstellbare Bohrstange.

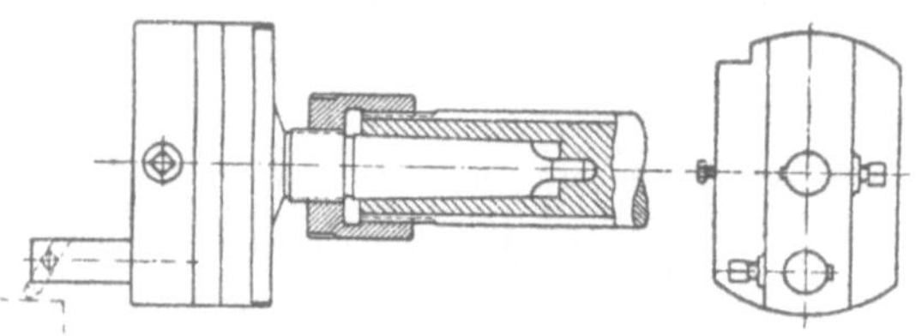

Abb. 143. Verstellbare Bohrstange.

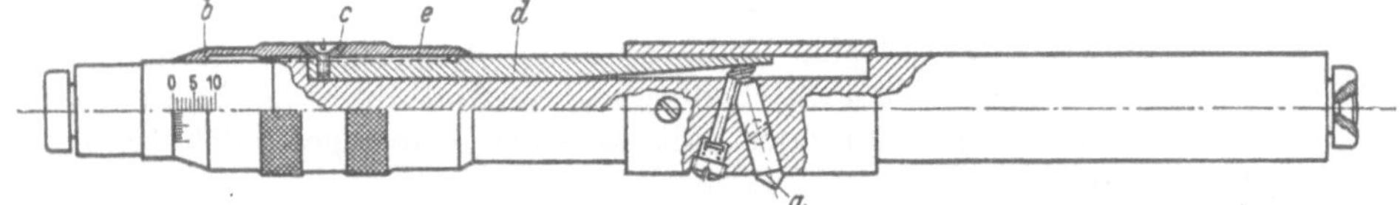

Abb. 144. Feinstbohrstange mit einstellbarem Bohrstahl. (Bauart Professor Karpinski, Hersteller Hahn & Kolb, Stuttgart.)
a Bohrstahl; b Feinmeßschraube; c Mitnehmerring; d Keil; e Gegenmutter.

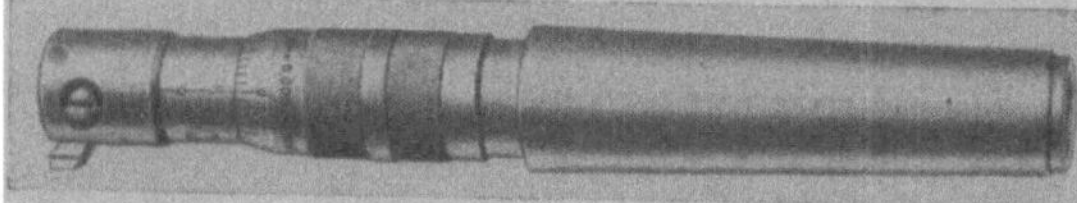

Abb. 145. Freitragende Feinstbohrstange nach Abb. 144.

leicht ablesbare Teilstriche $^1/_{1000}$ mm bei Abb. 144 und $^5/_{1000}$ mm bei Abb. 145 im Durchmesser ergeben.

Die Verstellung des Bohrstahles a Abb. 144 erfolgt durch die Feinmeßschraube b, die den Mitnehmerring c, der mit dem Keil d verschraubt ist, axial verschiebt, wodurch die Bohrung vergrößert bzw. verkleinert wird. Hierzu auch Abb. 145. Der Gegendruck auf den Bohrstahl erfolgt durch einen Federbolzen. Mit der Gegenmutter e wird die Feinmeßschraube festgestellt.

Abb. 146 zeigt Feinstbohrköpfe für Feinstbohrmaschinen Abb. 13. Zum Einstellen des genauen

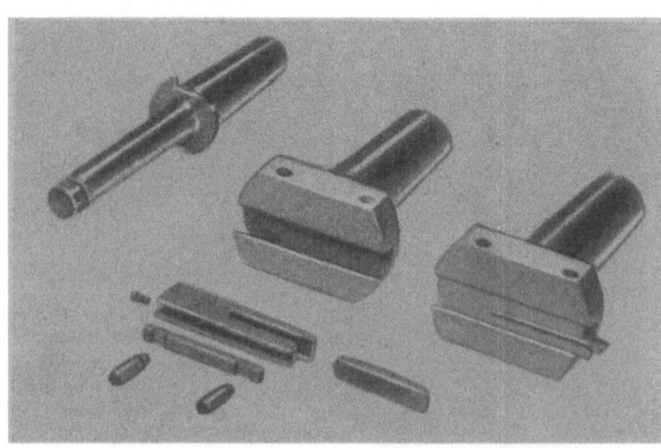

Abb. 146. Feinstbohrköpfe. (Ernst Krause & Co., Berlin-Wien).

Bohrdurchmessers auf der Maschine wird ein Einstellmeßgerät verwendet.

Für Lehrenbohrwerke (Abb. 14) finden Bohrstangen nach Abb. 147 Verwendung. Zum Einstellen des genauen Bohrdurchmessers dient eine Meßuhr mit Halter Abb. 148.

Für verschiedene Zwecke, z. B. für das Ausbohren von Ölkammern oder für Kegeligbohren, sind Sonderbohrstangen erforderlich.

In Abb. 149 ist eine Bohrstange zum Bohren kegeliger Löcher, in Abb. 150 ihre Anwendung dargestellt. Durch einen Schaltstern d, der an einen Anschlag e (Abb. 150) bei jeder Umdrehung der Bohrstange anschlägt, wird der Bohr-

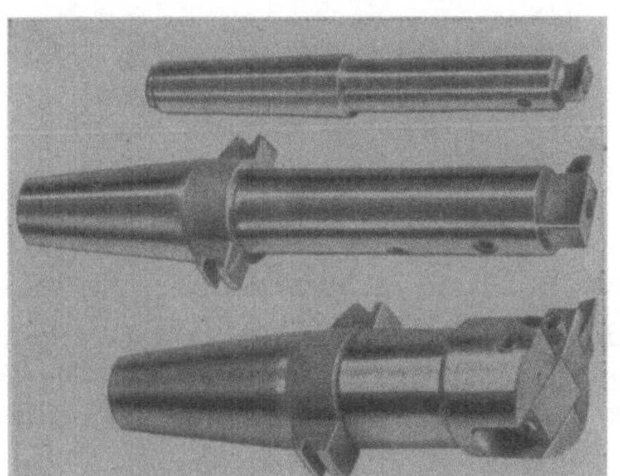

Abb. 147. Bohrstangen für Lehrenbohrwerke (Herbert Lindner, Berlin-Wittenau).

Abb. 148. Meßuhr mit Halter zum genauen Einstellen der Bohrdurchmesser (Herbert Lindner, Berlin-Wittenau).

stahl um einen Bruchteil der Steigung der Vorschubspindel b Abb. 149 — hier um ein Fünftel, weil der Schaltstern fünfteilig ist — vorgeschoben. Ist die

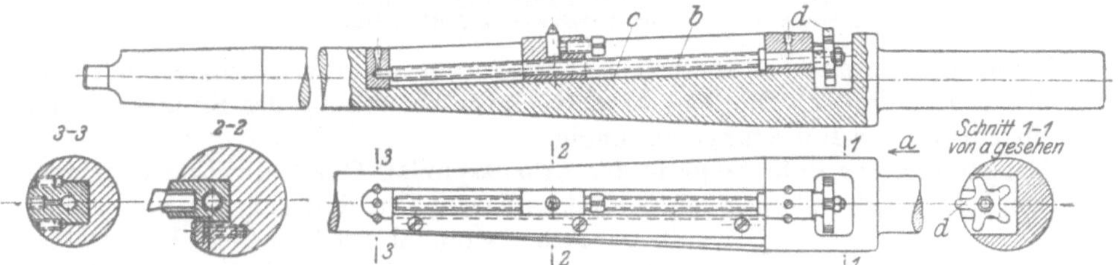

Abb. 149. Bohrstange für kegelige Löcher. b Vorschubspindel; c Führungsbahn; d Schaltstern.

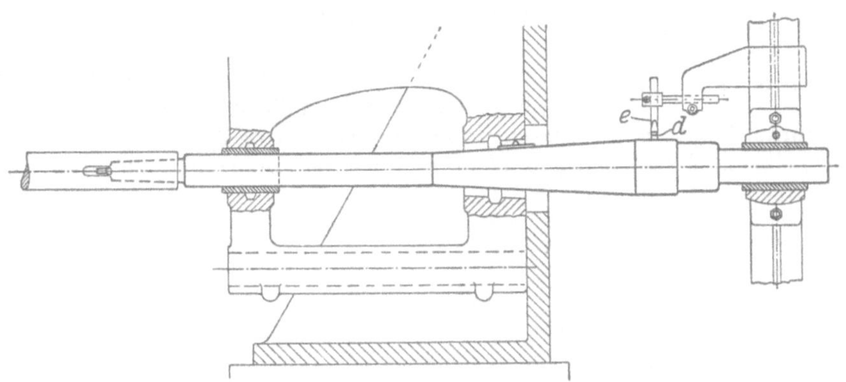

Abb. 150. Bohren kegeliger Löcher. d Schaltstern; e Anschlag.

Bohrung fertig, muß der Bohrstahl zurückgeschraubt werden. Die Bahn c muß genau mit dem auszubohrenden Kegel übereinstimmen.

Abb. 151 zeigt einen freitragenden Bohrapparat für kegelige Bohrungen, der unmittelbar an den Kopf der Bohrspindel bei Waagerechtbohrwerken angeschraubt wird. Einen einstellbaren Bohrapparat für kegelige Bohrungen, der ebenfalls an den Kopf der Bohrspindel angeschraubt wird, zeigt die Abb. 152.

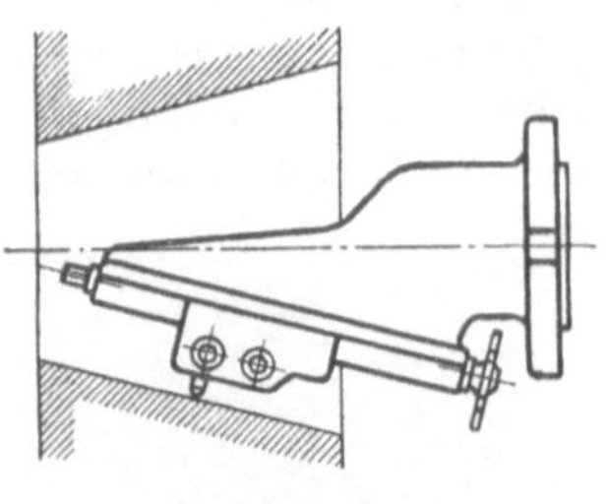

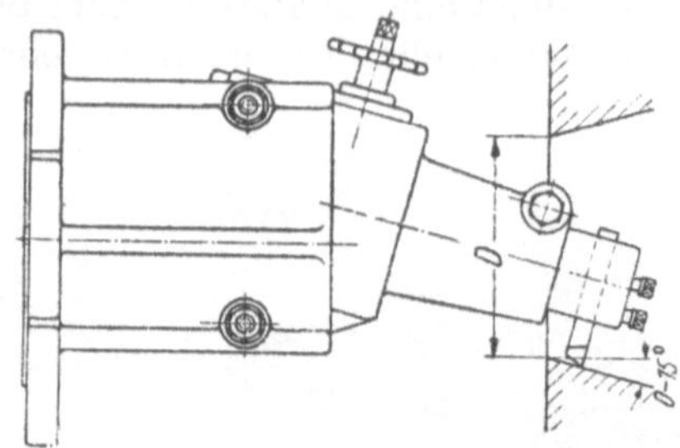

Abb. 151. Bohren kegeliger Löcher.   Abb. 152. Verstellbare Bohrstangen für kegelige Löcher.

Zum Ausbohren von Ölkammern dient die Bohrstange Abb. 153. Der Stahl a wird durch Verschieben der Vorschubstange b vor- bzw. zurückbewegt. Die Verschiebung geschieht beim Umlaufen der Bohrstange durch Festhalten des Griffes c,

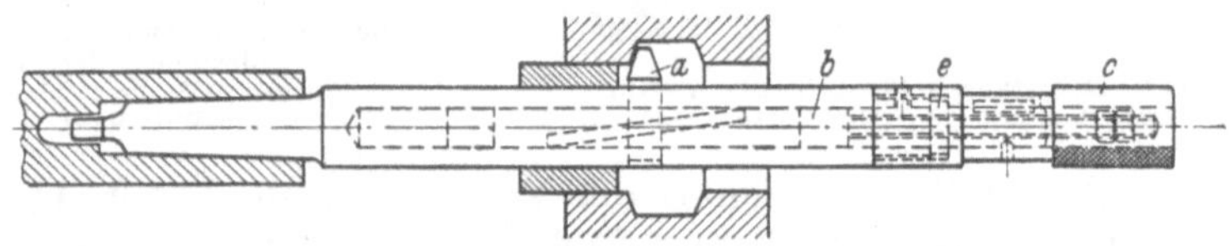

Abb. 153. Bohrstange zum Ausbohren von Ölkammern.
a Schneidstahl; b Vorschubstange; c Griff; e Mutter.

der auf einer drehbaren Mutter e befestigt ist, in der sich die Gewindespindel der Vorschubstange befindet. Die Vor- bzw. Rückwärtsbewegung des Stahles ist von der Drehrichtung der Bohrstange abhängig.

68. Befestigung der Bohrstange in der Arbeitsspindel. Durch die Erschütterung beim Ausbohren großer Bohrungen kommt es häufig vor, daß sich die Bohrstange in der Arbeitsspindel löst oder beim Rückwärtsschneiden aus der Arbeitsspindel herauszieht. Um dies zu vermeiden, wird der Kegel der Bohrstange durch einen Querkeil (Abb. 154) befestigt.

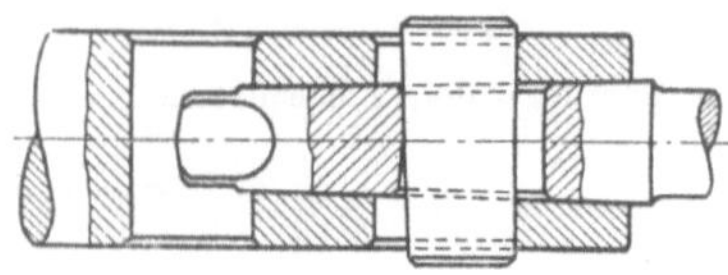

Abb. 154. Querkeilbefestigung.

Die Querkeilbefestigungen sind vom DNA festgelegt (s. DIN 1806 und 1807).

69. Bohrköpfe. Zum Ausbohren großer Bohrungen in Zylindern für Dampfmaschinen, Gasmaschinen und Dampfturbinen werden Bohrköpfe Abb. 155···157

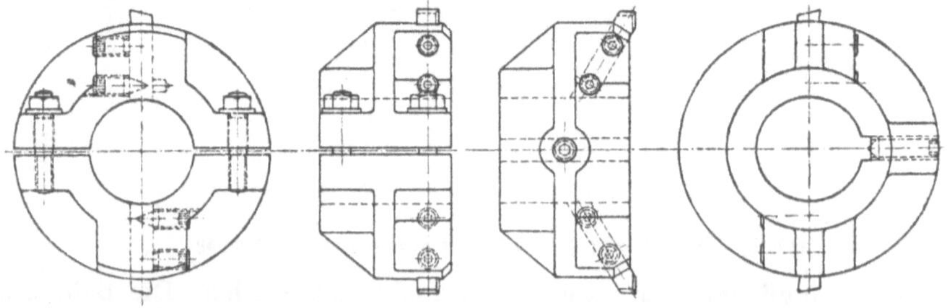

Abb. 155. Bohrköpfe mit 2 Stählen.

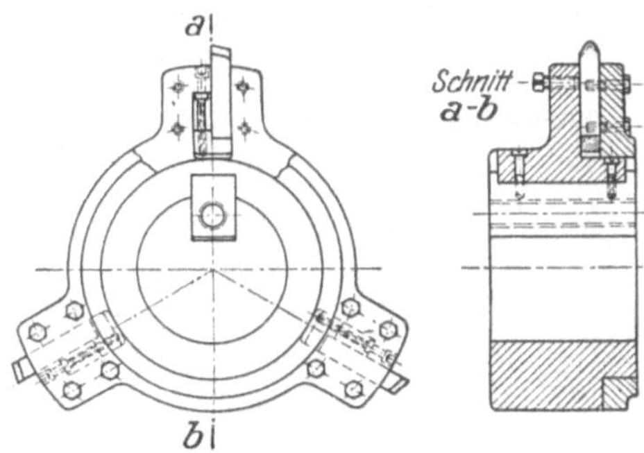

Abb. 156. Verschiebbarer Bohrkopf mit Feineinstellung der Stähle.

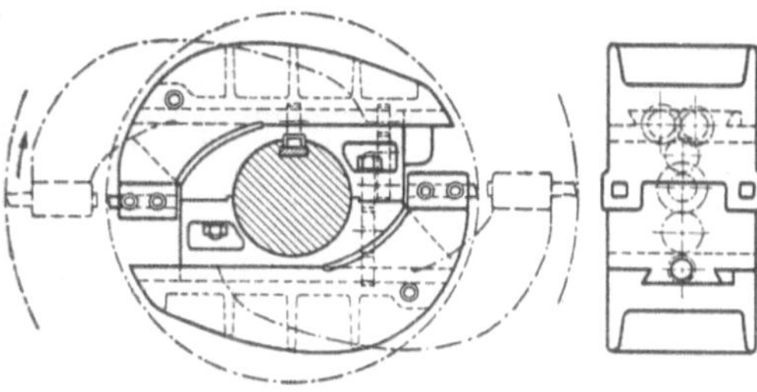

Abb. 157. Universalbohrkopf.

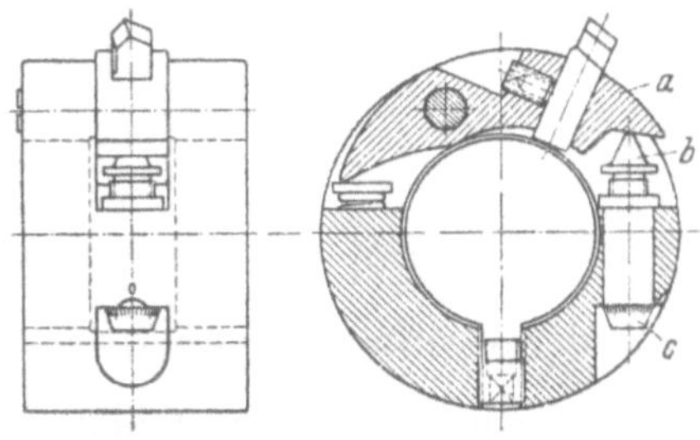

Abb. 158. Feinbohrkopf. (Hahn & Kolb, Stuttgart.)

verwendet. Mit dem Bohrkopf Abb. 157 können zylindrische und kegelige Bohrungen sowie das Einstechen von Nuten ausgeführt werden[1]. Diese Arbeiten kommen hauptsächlich im Turbinenbau vor. Der Bohrkopf nach Abb. 158 ist besonders zur Herstellung genauester Bohrungen geeignet. Der Stahlhalter a wird durch Feinstellschraube b, die tangential zur Bohrung angeordnet ist, verstellt. Ein Skalaring c ermöglicht die Ablesung von $1/100$ mm. Die Bohrköpfe werden entweder mit der Bohrstange fest verbunden und die Stange dreht und verschiebt sich mit dem Bohrkopf oder die Bohrstange wird an die Planscheibe des Spindelkastens der Maschine angeschraubt und angetrieben und der Bohrkopf verschiebt sich auf der Bohrstange Abb. 159. Der Vorschub des Bohrkopfes erfolgt durch ein Umlaufrädergetriebe, das am vorderen Ende der Bohrstange

Abb. 159. Ausbohrstange mit verschiebbarem Bohrkopf.
(Deutsche Niles-Werke, Berlin.)

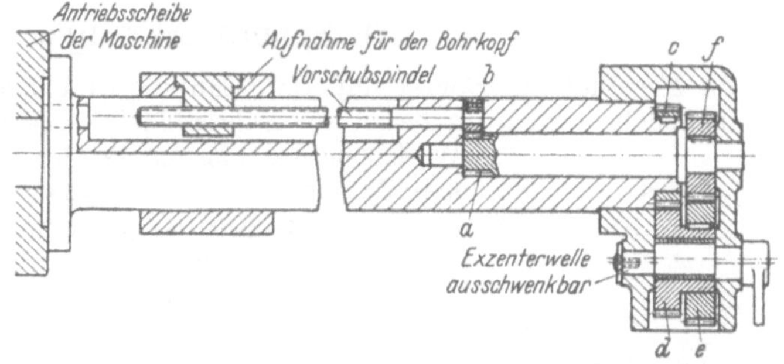

Abb. 160. Bohrstange mit Umlaufrädergetriebe für den Vorschub.

[1] Schieß-Defries-Nachrichten 1927 Heft 2.

in einem Gehäuse untergebracht ist (Abb. 160). Das Rad a bildet das Zentralrad und das Rad b das Umlaufrad. Das Rad a wird von der Bohrstange aus über ein doppeltes Rädervorgelege $\frac{c}{d} \cdot \frac{e}{f}$ zusätzlich angetrieben. Das erste dieser Vor-

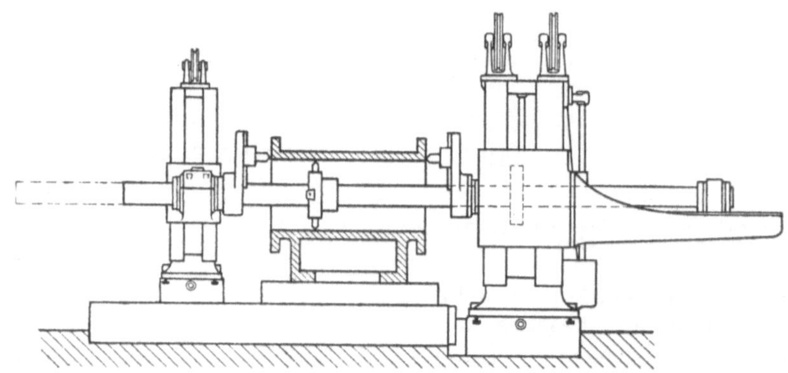

Abb. 161. Ausbohrmaschine mit verschiebbarer Bohrstange und in der Höhe einstellbarem Spindelkasten.

gelege hat eine feste Übersetzung, während das zweite aus Wechselrädern besteht, die gegen andere ausgetauscht werden, wenn eine Veränderung des Vorschubes vorgenommen werden soll.

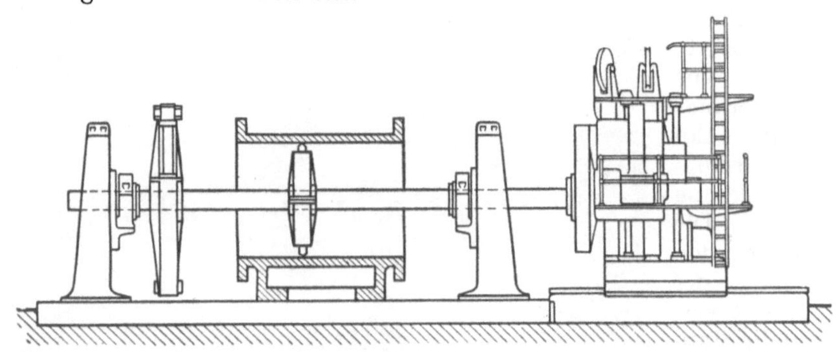

Abb. 162. Ausbohrmaschine mit in der Höhe einstellbarem Spindelkasten und verschiebbarem Ständer.

Die Abb. 161 und 162 zeigen Bohrmaschinen mit verschiebbarer und in der Höhe verstellbarer Bohrstange. Für die Maschine nach Abb. 162 werden Bohrstangen von 200 bis 500 mm Durchmesser und bis zu 14 000 mm Länge verwendet.

VII. Spannwerkzeuge.

70. Kegelhülsen. Bohrer und Bohrstangen, Reibahlen und Senker mit kegeligem Schaft werden im Kegel der Bohrspindel festgehalten. Ist der Kegel des Werkzeuges kleiner als der der Bohrspindel, so verwendet man Zwischenhülsen (Abb. 163). Oft werden mehrere dieser Hülsen ineinandergesteckt, um einen Ausgleich oder eine Verlängerung herzustellen. Es empfiehlt sich jedoch nicht, mehr als zwei Kegelhülsen ineinander zu stecken, da sonst das Werkzeug nicht genau genug läuft.

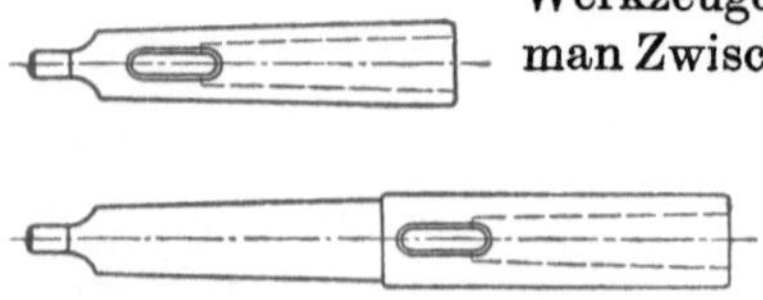

Abb. 163. Normale Kegelhülsen.

Häufig kommt es vor, daß diese Hülsen zu kurz sind. In solchen Fällen werden verlängerte Kegelhülsen nach Abb. 164 verwendet. In der Tabelle ist eine Zusammenstellung gebräuchlicher Verlängerungen wiedergegeben. Kegelhülsen mit

Zu Abb. 164 (Maße in mm).

D	l								Morsekegel innen	Morsekegel außen
15···20	125	175	250	325	400	475	550	650	1	2
22···25	175	250	325	400	475	550	650	800	2	2
24···28	175	250	325	400	475	550	650	800	2	3
30···34	175	250	325	400	475	550	650	800	3	3
32···36	175	250	325	400	475	550	650	800	3	4
38···45	175	250	325	400	475	550	650	800	4	4

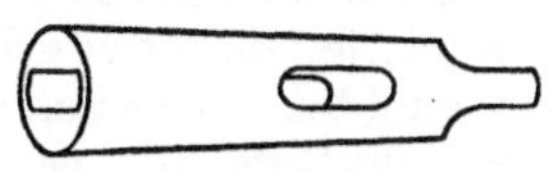

Abb. 164. Verlängerte Kegelhülsen.

Abb. 165. Kegelhülse mit Differentialmutter zum Lösen und Festziehen.

Differentialmutter (Abb. 165) gewähren ein sicheres Festhalten der Hülse in der Bohrspindel. Das Lösen und Festziehen geschieht durch die Differentialmutter. Ein Keiltreiber ist hierbei nicht erforderlich. Beschädigungen und Verzug der Bohrspindel finden hierbei nicht statt.

Für gewundene Bohrer aus Flachstahl dienen Kegelhülsen nach Abb. 166.

Abb. 166. Kegelhülse für flachgewundene Bohrer.

Abb. 167. Genau laufendes Spannfutter.
a Ring; b Mutter; c geschlitzte Spannbüchse.

71. Klemmbohrfutter. Zum Festhalten von Bohrern, Reibahlen und Senkern mit zylindrischem Schaft bis zu einer gewissen Größe benutzt man Bohrfutter verschiedener Art. Abb. 167 zeigt ein einfaches Spannfutter für nur einen bestimmten Bohrerdurchmesser. Es wird da verwendet, wo der Bohrer ganz genau laufen muß. Deshalb wird die Bohrung nach Fertigstellung des Aufnahmekegels auf der Drehbank genau laufend eingebohrt und außerdem noch mit einem dünnen Bohrstahl nachgedreht, so daß der Schaft des Bohrers genau paßt. Der Ring a wird durch die Mutter b vorgeschoben, wodurch der geschlitzte Teil c ein wenig zusammenfedert. Genau laufende Futter sind auch die Rollkup-Spannfutter von der Firma Stieber, München.

72. Selbstzentrierende Backenfutter sind Futter mit zwei Backen, die gezahnt sind und ineinander greifen (Abb. 168, die

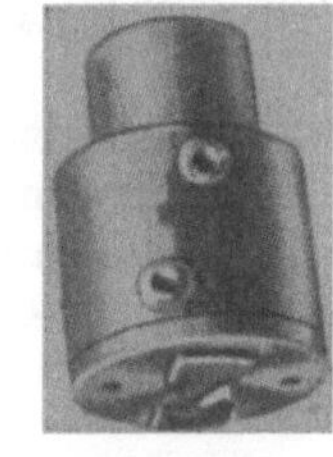

Abb. 168. Selbstzentrierendes Zweibackenfutter mit zwangläufigen Mitnehmerbacken (die hinteren Backen fassen den Mitnehmer).

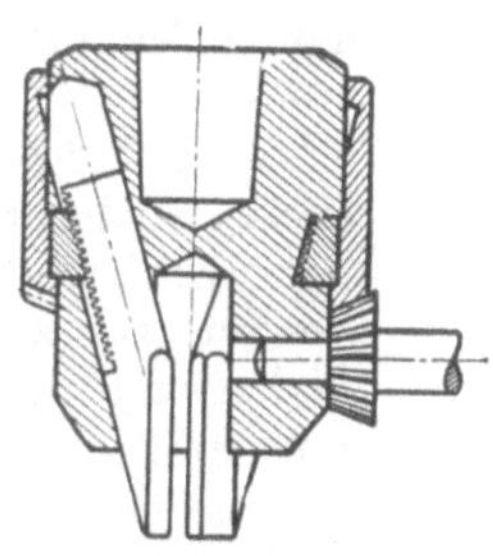

Abb. 169. Selbstzentrierendes Dreibackenfutter mit Spannschlüssel.

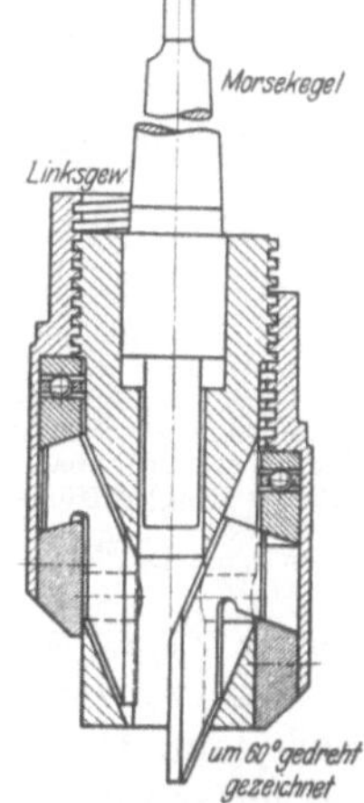

Abb. 170. Selbstzentrierendes Dreibackenfutter ohne Spannschlüssel.

hinteren Backen dienen zur zwangläufigen Mitnahme des Bohrers an zwei an-
gefrästen Flächen) oder mit drei Backen, die eine schneidenartige Spannfläche
haben (Abb. 169 und 170). Die Backen spannen zentrisch. Dazu ist in Abb. 169
ein Schlüssel nötig, während es in Abb. 170 genügt, mit der Hand die außen gekordelte Hülse zu drehen.

73. Selbstspannende Klemmbohrfutter. Die Konstruktion des Futters Abb. 171 ist insofern eigenartig, als zwischen der äußeren Hülse und den drei Backen eine zwangschlüssige Verbindung durch Zahnsegmentgetriebe besteht.

Der bequeme Bohrerwechsel während des Ganges der Maschine und ohne Zuhilfenahme irgendeines Schlüssels, die sichere Mitnahme des Bohrers, der sich selbsttätig um so fester spannt, je stärker er arbeitet, sind besondere Vorzüge dieses Futters, die es namentlich zum Bohren kleinerer und mittlerer Löcher sehr wertvoll machen.

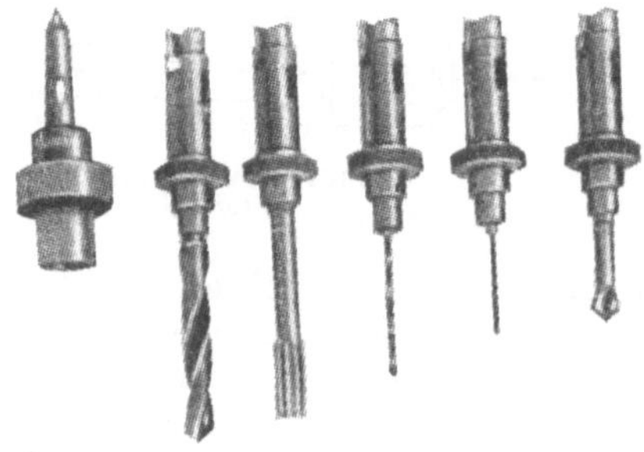

Der Bohrer wird durch Festhalten der gekordelten Hülse bei laufender Maschine bzw. durch Drehen der Hülse bei stillstehender Maschine gelöst. Eine kräftige Feder hält den Bohrer fest, sobald die Hülse losgelassen wird.

Selbstzentrierende Bohrfutter haben alle den Nachteil, daß sie nach längerem Gebrauch nicht mehr genau laufen und von Zeit zu Zeit nachgearbeitet werden müssen.

Abb. 171. Selbstspannendes Bohrfutter. (Josef Albrecht, Eßlingen.)

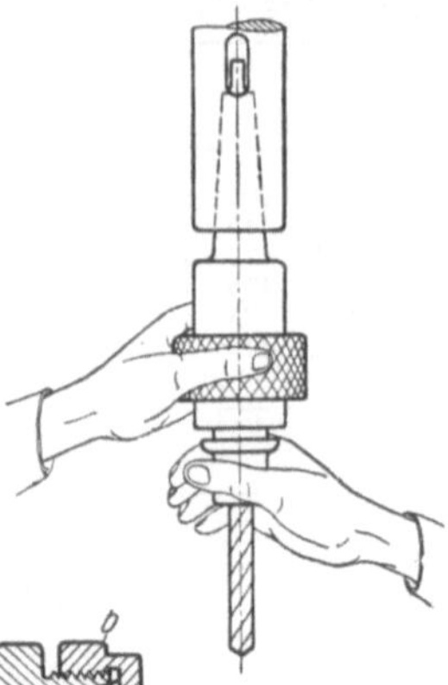

Abb. 174. Bedienung des Schnellwechselfutters.

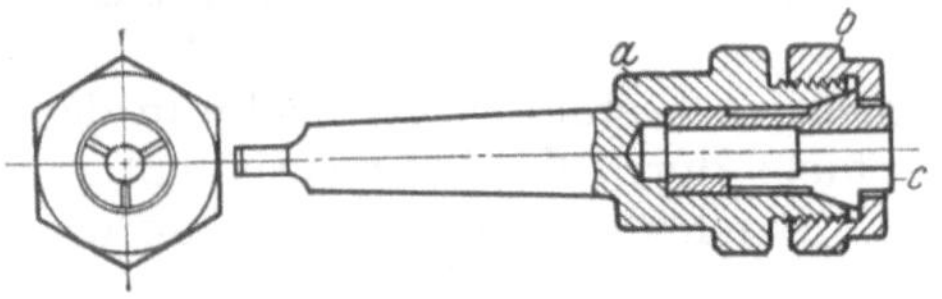

Abb. 172. Patronenfutter.
a Futterkörper; b Überwurfmutter; d Spannbuchse.

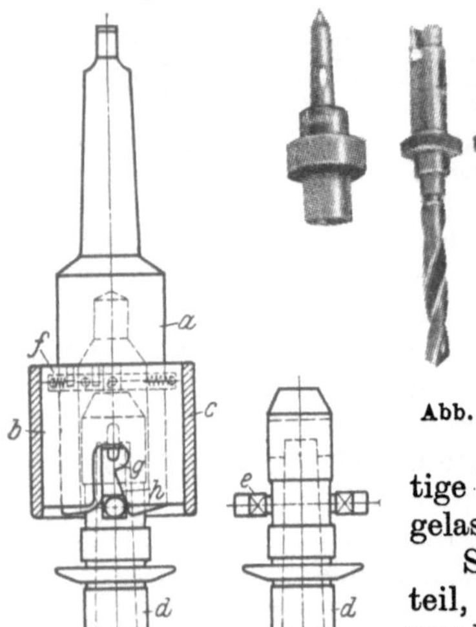

Abb. 173. Amerikanisches Schnellwechselfutter.
a Futterkörper; b drehbare Buchse; c gekordelter Ring; d Hülse; e Mitnehmer; f Federn; g Ausfräsung; h geneigte Fläche.

Abb. 175. Schnellwechselfutter mit Werkzeugen.

74. Bohrfutter mit auswechselbaren Spannpatronen.
Diese Futter (Abb. 172) werden hauptsächlich auf Revolverdrehbänken für genau laufende Arbeiten verwendet. Der zylindrische Schaft des Werkzeuges wird im Futterkörper a durch eine kegelige geschlitzte Spannbuchse c zentriert und durch Überwurfmutter b festgespannt.

Für jeden Durchmesser ist eine besondere Spannbuchse nötig, weshalb diese Futter meist nur in der Massenfertigung verwendet werden. Sie haben kegeligen oder zylindrischen Schaft.

Schnellwechselfutter. Das Schnellwechselfutter Abb. 173 besteht aus dem Futterkörper *a*, der drehbaren Buchse *b*, mit dem fest aufgepreßten, gekordelten Ring *c* und den Hülsen *d* zur Aufnahme der Werkzeuge. Die Hülsen sind außen zylindrisch, und zwar paßt der Durchmesser unterhalb des Mitnehmers *e* genau in die Bohrung des Futterkörpers, während er oberhalb etwas kleiner ist, so daß die Hülse leicht in die Bohrung einzuführen ist. Hält man während des Laufens die Buchse *b* mit aufgepreßtem Ring *c* fest, so kommt ihr Schlitz über den des Futterkörpers, und man kann die Hülse mit dem Mitnehmer leicht einführen. Läßt man dann den Ring mit Buchse los, so springt die Buchse durch die Federn *f* zurück und drückt die Hülse durch die Schrägen *g* mit dem kegeligen Ende in die kegelige Bohrung. Da außerdem der untere Zylinder der Hülse sich in der Bohrung ohne Spiel führt, so läuft die Hülse genau mit dem Futter. Die geneigten Flächen bei *h* gestatten, die Hülse auch ohne Zurückdrehen der Buchse einzuführen.

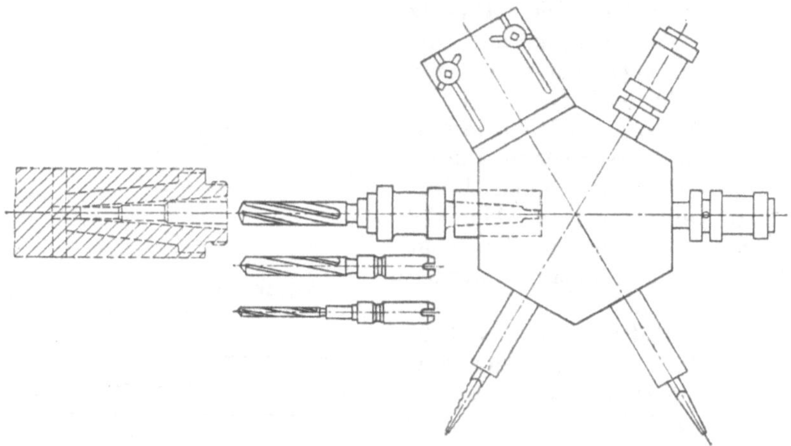

Abb. 176. Schnellwechselfutter im Revolverkopf.

Wird durch Zurückdrehen der Buchse die Hülse freigegeben, so läßt man sie auf Daumen und Zeigefinger der rechten Hand fallen (Abb. 174).

Diese Futter werden recht verschiedenartig ausgeführt; ihr Vorteil liegt in dem schnellen Wechseln der Werkzeuge. Zu jedem Werkzeug muß aber eine besondere Einsatzhülse da sein, die während der Bearbeitung eines Gegenstandes auf dem Werkzeug bleibt. Die Futter werden hauptsächlich in der Senkrechtbohrerei verwendet für Gegenstände, die zu ihrer Bearbeitung viele Werkzeuge erfordern (Abb. 175). Sie können jedoch auch in der Waagerechtbohrerei und Revolverdreherei mit Vorteil verwendet werden. In der Revolverdreherei dann, wenn mehr Werkzeuge nötig sind, als in dem Revolverkopf untergebracht werden können (Abb. 176).

75. Sicherheitsbohrfutter. Der Bohrerspannapparat Abb. 177 verhindert bei richtiger Einstellung das Brechen der Bohrer. Er eignet sich für Bohrer und Gewindebohrer und hat für Werkzeuge mit zylindrischem Schaft ein besonderes Futter.

Bei zu großem Widerstand bzw. bei Hemmung hört die Mitnahme des Bohrer selbsttätig auf: er bleibt stehen, während die Spindel der Bohrmaschine leer weiterläuft. Der Apparat wird nach einer Skala, entsprechend dem jeweiligen Bohrerdurchmesser, eingestellt. Das konstruktive Prinzip des Apparates beruht auf einer durch konstanten Federdruck betätigten Knaggenkuppelung. Die entsprechenden Auslösewiderstände für die verschiedenen Bohrergrößen werden durch Verschiebung des Angriffspunktes der Feder am Knaggenhebel hervorgerufen, wodurch es möglich ist, ein und denselben Apparat für viele Bohrergrößen zu verwenden.

76. Verstellbare Bohrstangenhalter für Revolverbänke. Bohrstähle auf einen bestimmten Lochdurchmesser genau einzustellen, ist bei Bohrstangen, die im Revolverkopf einer Revolverdrehbank fest eingespannt sind, sehr schwierig und zeitraubend und wird meist ungenau. Abb. 178 zeigt einen verstellbaren Halter. Die vordere Aufnahme, in die die Bohrstange eingespannt ist, kann durch eine Gewindespindel mit Skala genau eingestellt werden. Für kleine Bohrstähle von 5···12 mm dient ein besonderer Einsatz mit Unterlagen, so daß die Stähle stets genau in der Achse der Bohrung liegen.

An Stelle von Reduzierhülsen für verschiedene Durchmesser können auch Bohrstangenhalter nach Abb. 179 verwendet werden, die nicht so leicht verspannt werden wie Klemmhülsen.

77. Halter für Tieflochbohrer. Zum Festhalten der Bohrer mit zylindrischem Schaft bis zu 20 mm Durchmesser verwendet man Futter nach Abb. 180. Das Futter ist vorn geschlitzt und wird durch eine Mutter gespannt. Da die Spanstärke beim Spindelbohrer sehr gering ist, so genügt diese Spannung.

Für größere Bohrer dienen Futter nach Abb. 181. Der Schaft des Bohrers ist mit Gewinde versehen und wird in das Futter eingeschraubt.

Abb. 178. Verstellbarer Bohrstangenhalter für Revolverbänke.

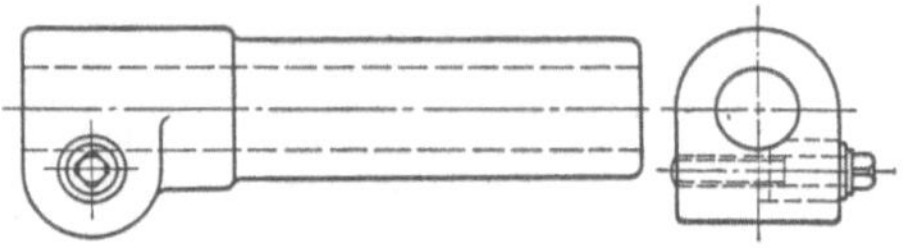

Abb. 179. Einfacher Bohrstangenhalter für Revolverbänke.

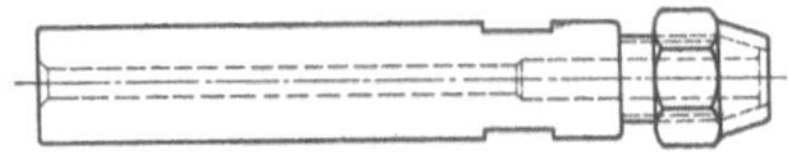

Abb. 180. Halter mit Spannmutter für Tieflochbohrer.

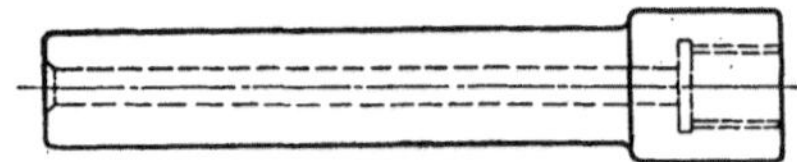

Abb. 181. Halter mit Gewinde für Tieflochbohrer.

Abb. 177. Sicherheitsbohrfutter.

(Fortsetzung 4. Umschlagseite)